工业和信息化部“十四五”规划教材
校企“双元”合作精品教材
高等院校“互联网+”系列精品教材

5G通信大数据分析与应用

主编　王苏南　李滢滢　罗少华

電子工業出版社
Publishing House of Electronics Industry
北京 · BEIJING

美丽中国------广西桂林漓江风光

内容简介

本书根据教育部新的职业教育教学改革要求和通信行业技术岗位技能需求进行编写。全书介绍了通信大数据分析与应用的典型方法，让学生熟悉5G时代下大数据工具的操作步骤，并掌握用大数据工具对通信大数据进行清洗、加工、算法开发等技能。本书以大数据运维优化平台为工具，以运营商真实网络数据为对象，通过可视化数据建模、分析处理，实时监控网络质量，最后输出网络优化维护方案，从而让学生掌握通信大数据分析与应用的全流程。本书采用的平台操作简单、开放度高，仅需一台计算机即可完成所有内容。通过学习本书内容，可以提升学生的就业竞争力与岗位适应能力。

本书为高等职业本专科院校通信类专业相关课程的教材，也可作为开放大学、成人教育、自学考试、中职学校及培训班的教材，以及工程技术人员的参考书。

本书配有免费的电子教学课件、习题参考答案等，详见前言。

图书在版编目（CIP）数据

5G通信大数据分析与应用 / 王苏南，李滢滢，罗少华主编. -- 北京 : 电子工业出版社，2024. 9. --（高等院校“互联网+”系列精品教材）. -- ISBN 978-7-121-48669-2

Ⅰ. TN929.538

中国国家版本馆CIP数据核字第2024FU9120号

责任编辑：陈健德
文字编辑：赵　娜
印　　刷：天津画中画印刷有限公司
装　　订：天津画中画印刷有限公司
出版发行：电子工业出版社
　　　　　北京市海淀区万寿路173信箱　邮编 100036
开　　本：787×1 092　1/16　印张：11.25　字数：288千字
版　　次：2024年9月第1版
印　　次：2024年9月第1次印刷
定　　价：54.00元

凡所购买电子工业出版社图书有缺损问题，请向购买书店调换。若书店售缺，请与本社发行部联系，联系及邮购电话：（010）88254888，88258888。

质量投诉请发邮件至zlts@phei.com.cn，盗版侵权举报请发邮件至dbqq@phei.com.cn。

本书咨询联系方式：chenjd@phei.com.cn。

前言

我国的 5G 技术在技术标准、网络设备、终端设备等方面的创新能力不断增强，轻量化 5G 核心网、定制化基站等已实现商用部署；5G 工业网关、巡检机器人等新型终端已研发成功；5G 标准必要专利声明量全球占比在 2022 年年底约为 40%，持续保持全球领先。截至 2023 年年底，我国累计建成 5G 基站 337.7 万个，5G 移动电话用户达 8.05 亿户。我国已建成全球最大的光纤和移动宽带网络，目前已实现“市市通千兆”“县县通 5G”“村村通宽带”。5G 赋能效应持续增强，其融合应用广度和深度不断拓展。5G 应用已融入 71 个国民经济大类，应用案例超 9.4 万个，5G 行业虚拟专用网络超 2.9 万个。5G 应用在工业、矿业、电力、医疗等行业深入推广，“5G+工业互联网”项目超 1 万个。

5G 改变着我们的生活，也加快了移动通信产业链的重构，这使得越来越多的企业成为移动通信产业重要的组成部分；围绕以基础通信运营商为核心的移动通信技术服务市场和增值移动电信业务服务市场的不断发展壮大，并由此带来人才需求的大幅扩张。目前国内 5G 网络已实现大规模商用，带来了大量的网络优化工作需求。随着 5G 技术不断变革，中国主要的电信运营商相继提出了 5G 时代下网络运维管理中心云网融合的架构要求，对网络优化人员的编程能力和大数据分析能力的要求越来越高，大数据、云计算、通信大数据开发与应用技能已成为移动通信领域新的岗位要求。已有许多高等院校开设了通信大数据分析相关课程。

结合通信网络的飞速发展，本书介绍了通信大数据分析与应用的典型方法，让学生熟悉 5G 时代下大数据工具的操作步骤，并掌握用大数据工具对通信大数据进行清洗、加工、算法开发等技能。本书以大数据运维优化平台为工具，以运营商真实网络数据为对象，通过可视化数据建模、分析处理，实时监控网络质量，最后输出网络优化维护方案，从而让学生掌握通信大数据分析与应用的全流程。本书采用的平台操作简单、开放度高，仅需一台计算机即可完成所有内容。通过学习本书内容，可以提升学生的就业竞争力与岗位适应能力。

本书的编写团队突出了专兼结合、校企协同的特点，由深圳职业技术大学的一线教师王苏南、李滢滢、秦宇镝、杨巧莲，中兴通讯股份有限公司的工程师罗少华、华为技术有限公司的工程师刘伟根、深圳健路网络科技有限责任公司的工程师刘贤正、深圳市亿联智捷信息技术有限公司的工程师王阳共同编写。其中，王苏南负责协调整个书稿的编写工作，确保全书内容的系统性和实用性，对主体架构和章节内容安排进行规划，并对书稿进行最终审查和修改；李滢滢老师负责第 2 章和第 3 章的编写与校对工作；秦宇镝老师负责第 5 章的编写和校对工作；杨巧莲老师负责第 1 章的编写和校对工作；罗少华工程师负责第 7 章的编写与校对工作；刘伟根、刘贤正和王阳负责第 6 章的编写与校对工作。

本书为高等职业本专科院校通信类专业相关课程的教材，也可作为开放大学、成人教育、自学考试、中职学校及培训班的教材，以及工程技术人员的参考书。

鉴于网络技术的快速发展和编者水平的局限性，书中难免存在不足之处，敬请广大读者批评指正。

为方便教师教学，本书配有免费的电子教学课件、习题参考答案等，请有此需要的教师登录华信教育资源网（http://www.hxedu.com.cn）免费注册后进行下载，有问题请在网站留言或与电子工业出版社联系（E-mail：hxedu@phei.com.cn）。

编者

目 录

第1章 移动通信与大数据

1.1 大数据技术发展现状

当前，许多国家的政府和国际组织都已经意识到大数据的重要作用，纷纷将开发利用大数据作为夺取新一轮竞争制高点的重要抓手，实施大数据战略，对大数据产业发展有着极大的热情。

美国政府将大数据视为强化美国竞争力的关键因素之一，早在 2012 年就把大数据研究和生产计划提高到国家战略层面。在美国的先进制药行业，药物开发领域的最前沿技术是机器学习，即算法利用数据和经验辨别哪种化合物应同哪个靶点相结合，并发现对人眼来说不可见的模式。根据前期计划，美国希望利用大数据技术实现在多个领域的突破，包括科研、教学、环境保护、工程技术、国土安全、生物医药等。其中具体的研发计划涉及美国国家科学基金会、国家卫生研究院、国防部、能源部、国防部高级研究局、地质勘探局 6 个联邦部门和机构。

欧盟在大数据方面的活动主要涉及四个方面：研究数据价值链战略因素；资助“大数据”和“开放数据”领域的研究和创新活动；实施开放数据政策；促进公共资助科研实验成果和数据的使用及再利用。

英国在 2017 年开放有关交通运输、天气和健康方面的核心公共数据库，并在 5 年内投资 1 000 万英镑建立了世界上首个“开放数据研究所”；政府将与出版等行业合作，以尽早实现对得到公共资助产生的科研成果的免费访问；英国皇家学会也在考虑如何改进科研数据在研究团体及其他用户间的共享与披露；英国研究理事会将投资 200 万英镑建立一个公众可通过网络检索的“科研门户”。

法国政府为促进大数据领域的发展，将以培养新兴企业、软件制造商、工程师、信息系统设计师等为目标，开展一系列的投资计划。法国政府在 2013 年的《数字化路线图》中表示，将大力支持“大数据”在内的战略性高新技术，法国软件编辑联盟曾号召政府部门和私人企业共同合作，投入 3 亿欧元用于推动大数据领域的发展。法国在 2013 年 4 月召开的第二届巴

黎大数据大会结束后宣布将投入 1150 万欧元用于支持 7 个未来投资项目，这足以证明法国政府对大数据领域发展的重视。法国政府投资这些项目在于“通过发展创新性解决方案，并将其用于实践，来促进法国在大数据领域的发展”。众所周知，法国在数学和统计学领域具有独一无二的优势。

我国的大数据事业也正在蓬勃发展。从行业发展看，根据中国大数据网发布的《中国大数据产业白皮书（2021 年）》，截至 2021 年 8 月 31 日，全国共有大数据企业 6 万余家，其中处于高质量发展阶段的企业达 12 432 家，占比超过 20%。在政策层面，2022 年 12 月 2 日，中共中央、国务院颁布《关于构建数据基础制度更好发挥数据要素作用的意见》。该意见指出，数据基础制度建设事关国家发展和安全大局。应加快构建数据基础制度，充分发挥我国海量数据规模和丰富应用场景优势，激活数据要素潜能，做强做优做大数字经济，增强经济发展新动能，构筑国家竞争新优势。

1.2 移动通信大数据平台

大数据时代，各行各业时时刻刻都在产生海量的数据，数据正成为一种生产资料，对于挖掘行业新的经济增长点大有益处，大数据已经成为行业发展新的推动力。本课程采用的 DataWiser（通信大数据分析与应用实训教学平台）将业界主流的新型大数据处理技术、数据结构、算法模型等内置在产品中，结合多年行业大数据实践经验和真实的脱敏数据案例，对 PB 级数据的采集、存储、计算、分析挖掘等处理全过程进行分析，又结合对 5G 移动网络数据的分析（如覆盖、速率和热门 App 业务质量分析案例等）开展应用技能实训。

DataWiser 包含 Hadoop 生态中 20 多个主要组件，具有海量数据的采集、存储、计算、分析挖掘、数据操作、管理监控和数据安全等能力。

1. 多源数据的高效集成

DataWiser 具有多源数据（包含结构化、半结构化和非结构化数据）的集成能力，以及高吞吐、可扩展的数据总线和数据分发功能，支持批量加载、实时加载、数据库加载、文件加载等多种加载方式。

2. 异构数据的海量存储

DataWiser 具有基于分布式文件系统和并行架构的大数据存储能力，支持 PB 级数据规模的高可靠和高可用存储，支持存放多种文件格式，如关系数据库等结构化数据，日志、网页等半结构化数据，以及视频、图片、文档等非结构化数据。

3. 场景丰富的计算框架

面向不同业务场景，DataWiser 提供离线计算、流式计算、内存计算、图计算等丰富的计算框架，支持计算任务流程编排、计划安排，并具有标准 SQL 的数据访问能力。

4. 海量数据的实时分析挖掘

DataWiser 具有涵盖多源数据接入、数据特征提取、算法模型训练、算法模型评估和结果预测等完整机器学习过程的大数据分析功能。支持 SVM、朴素贝叶斯、协同过滤、线性回归等算法，预测过程基于内存进行迭代式计算，并且支持分布式计算，具备极强的扩展性，可以应对海量数据分析。

5. 统一的平台化管理监控

DataWiser 提供针对全部 20 多个组件的自动化安装部署，并具有平台级的配置管理、监控告警等统一运维管理能力。

6. 便捷易用的数据操作

DataWiser 提供图形化交互式数据操作工具和客户端，用户可以方便地通过 Web UI 界面访问数据、定义、提交作业任务、查看组件和任务运行状态、分配数据空间、隔离、共享数据资源等。

7. 立体化的数据安全

DataWiser 提供统一的用户认证、授权体系，具备完善的数据安全和资源分配机制，实现了数据资源的安全性、可维护性、可用性、可信性。

8. 多样化的通信实训案例

基于现有的脱敏数据，将 5G 网络中经常碰到的实际问题，通过大数据平台建立相关任务和算法，迅速发现问题点，并利用 AI 技术提供一定的解决方案。

9. 实时的案例结果数据可视化显示

学生案例做完后，结果可以实时在 BI 界面呈现，包括折线图、柱状图及 GIS 地图等多样化的呈现方式，帮助学生理解算法开发的结果。

1.3 大数据技术在通信领域的应用

随着 5G 通信网络的应用，为满足通信网络数据流量爆炸式增长的需求，如何将现有的技术和多种新技术进行融合来解决 5G 通信网络架构中存在的问题，提高 5G 通信网络性能，成为目前通信技术领域研究和发展的重点，大数据技术在其中扮演了重要的角色。

1. 大数据技术可对移动通信用户进行有效管理

根据大数据自身的特点，可以对移动通信用户的姓名、年龄、号码及状态码等数据进行准确记录，并分析出一定的规律，再按照规律进行记录，帮助电信运营商对用户进行有效管理和提升服务的效率及智能性，进而提高电信运营商的工作效率。

2. 对移动通信计费的高效管理

移动通信用户数量大，每位用户使用的业务类型、业务种类等都不相同，这给电信运营商的计费管理工作带来了很大的困难。大数据技术可以准确地对每位用户使用的业务类型、数据流量、资费类别等信息进行高效统计和分析，帮助电信运营商对每位用户的深层次信息进行分析，进而发掘出用户的潜在需求，从而获得商机。

3. 合作变现

随着大数据时代的来临，数据量和数据产生的方式发生了重大的变革，电信运营商掌握的信息更加全面和丰满，为其带来了新的商机。目前电信运营商主要掌握的信息包括移动用户的位置、信令等。就位置信息而言，电信运营商可以通过位置信息的分析，得到某一时刻某一地点的用户流量，而流量信息对许多企业来说都具有重要的商业价值。通过对用户位置

信息和指令信息的历史数据和当前信息分析建模可以服务于公共服务业，如指挥交通、应对突发事件和重大活动，也可以服务于现代零售行业。电信运营商可以在数据中心的基础上，搭建大数据分析平台，通过自己采集、第三方提供等方式汇聚数据，并对数据进行分析，为相关企业提供分析报告。这将是电信运营商未来重要的利润来源。通过分析平台对用户的位置和运动轨迹进行分析，实现对热点地区人员出现频率的概率进行有效统计，以便从安全角度对人流进行优化等。

4. 网络提升

互联网技术在不断发展，基于网络的信令数据也在不断增长，这给电信运营商带来了巨大的挑战，只有不断提高网络服务质量，才有可能满足客户的存储需求。在这样的外部条件刺激下，电信运营商不得不尝试海量分布式数据存储、智能分析等先进技术，努力提高网络维护的实时性，预测网络流量峰值，预警异常流量，防止网络堵塞和宕机，提供网络升级改造和优化方案，提高网络服务质量，提升用户体验感受。

1.4 运用大数据提升网络质量

大数据在“网络质量提升”上有着重要的作用，本节将带大家深入了解电信运营商如何利用大数据技术提升其网络质量。

利用大数据分析技术来优化经过筛选和提取后的通信数据。科学分析的前提是将数据按照种类和性质进行划分，划分所依据的标准有很多，由企业或个人的需求来决定，主要针对不同问题的分析需求进行相应的划分。在完成划分工作之后，分析工作人员利用大数据的相关分析技术开展实际的处理分析工作，找到数据信息之间存在的关系，分析其组成结构和相互联系的环节要素。此外，分析结果应体现出由用户反馈的评价性信息和数据，针对其中的意见和建议进行合理性和可行性的评估，促进网络系统进一步优化和改善，这样能够弥补系统中存在的缺陷和不足。在此基础上采取合理的优化策略和举措强化移动通信系统的功能作用，依据分析结果制订科学的规划优化方案。大数据技术的运用是移动通信网络规划优化的必然选择，也能有效解决移动通信网络存在的问题，建设数据网络分析平台，优化移动通信网络，可以简化工作流程，加快社会信息化建设进程，方便人们的生产和生活。

在对移动通信网络进行优化的过程中，移动通信运维人员应当明确网络优化的主要内容是对网络定位和网络数据进行多方面的分析，尽可能排除影响网络流畅运行的不良因素。伴随着移动通信网络基站数量的持续增加，各种建设不合理的问题不断涌现，尤其是信号覆盖问题。对现代移动通信技术发展而言，技术优化属于最困难的内容。而网络优化的关键在于数据采集的优化，不仅需要进行优化前的各种准备，还需要查找相应的问题，进行实时分析，并采取优化措施持续优化。为满足现代移动通信网络优化的各种需求，电信运营商需要充分结合大数据的各种特征，将优化目标设定为网络基站的科学建设和通信数据的持续检测，并对网络运行速度进行测试。如果基站存在重复覆盖的状况，还需要进行实时的调整，尽可能减少彼此之间的干扰。在进行测试的过程中，需要准备好相关测试工具，对整体数据信息进行实时测试，数据上云并同步网络分析平台数据，进而准确获得当前移动通信网络存在的问题，从而解决如网络信号不稳定、网速较慢的问题。无论是对提高用户满意度使大众生活和工作更为便捷，还是对我国通信企业综合竞争力的提高都具有非常重要的意义。

1.5 大数据技术的发展趋势

1. 行业标准化

标准是经济活动和社会发展的技术支撑。国际 ISO、IEC、ITU、NIST 及国内的信息技术标准化技术委员会（SAC TC28，简称信标委）等标准组织结合大数据产业现状，已经开展行业标准化制定的相关工作，但就大数据整体技术体系和发展规模而言，仍处于起步阶段，与产业发展水平和需求并不相称。

在《国家标准化体系建设发展规划（2020—2025 年）》中，新一代信息技术标准化工程、智能制造和装备升级标准化工程已被列为主要任务，其中就涉及物联网、云计算、大数据、工业云等相关行业标准的制定。

在信标委大数据标准工作组的推动下，未来将进一步制定和完善我国大数据领域标准体系，组织开展大数据相关技术和标准的研究。包含申报国家、行业标准，承担国家、行业标准制修订计划任务，宣传推广标准实施，组织推动国际标准化活动。

2022 年，为发挥大数据等新一代信息技术对质量提升的基础支撑作用，助力制造业高质量发展，工业装备质量大数据工业和信息化部重点实验室联合工业和信息化部电子第五研究所赛宝智库组织相关单位编写了《质量大数据白皮书》。白皮书围绕质量大数据的边界内涵、架构体系、资源建设、实施路径、发展趋势和实践案例等方面进行研究。为通信大数据标准化工作提供了重要指导。

2. 区域化协同共进

2021 年 11 月，工业和信息化部发布《“十四五”大数据产业发展规划》。该规划提出了“十四五”时期总体目标：到 2025 年，我国大数据产业测算规模突破 3 万亿元，年均复合增长率保持在 25%左右，创新力强、附加值高、自主可控的现代化大数据产业体系基本形成。在地区标准方面，2023 年 1 月，川渝地区数据领域首个地方标准《公共信息资源标识规范》由四川省大数据中心与重庆市大数据应用发展管理局联合发布。该规范不仅是川渝两地首次联合制定发布的数据标准，也是首次联合推广的地方数据标准。已有超过 30 个省市专门出台了大数据相关的政策文件，就大数据产业的管理机制、运营模式及应用服务等不同方向释放政策红利，以促进当地大数据产业的发展。在相关利好政策的推动下，未来我国大数据市场的发展空间将更加广阔。

3. 技术融合下的应用时代

数据中心（IDC）报告显示，全球数据每年的增长速度在 40%左右，计算存储和传输数据能力同样呈指数型增长，海量数据的产生、获取、挖掘及整合，慢慢展现出其背后巨大的商业价值，大数据技术在不同场景的成功应用，不仅为传统企业带来了升级转型的机遇，也重构了很多行业的商业思维和商业模式。

值得注意的是，就像没有汽车与高速公路，人们很难意识到石油的重要性一样，如果不能与互联网、云计算、物联网、人工智能、5G 技术等创新技术结合应用，大数据的价值也无法凸显。2017 年发布的《新一代人工智能发展规划》《关于积极推进供应链创新与应用的指导意见》《高端智能再制造行动计划（2018—2020 年）》等文件，在提出新的发展要求的同时，

也强调了大数据技术对不同产业发展的推动作用。

5G 新技术的纳入推广一方面为大数据提供了更多维度、更多途径的数据源，另一方面也为大数据应用场景的开发提供了更广泛的空间，智能制造、智慧城市、智慧医疗等不胜枚举。

4. 数据安全

随着信息技术和人类生产生活的交汇融合，各类数据迅猛增长、海量聚集，对经济发展、人民的生活产生了重大而深刻的影响。数据安全已成为事关国家安全与经济社会发展的重大问题。党中央高度重视，就加强数据安全工作和促进数字化发展做出一系列重要部署。按照党中央决策部署，贯彻总体国家安全观的要求，全国人大常委会积极推动数据安全立法工作。经过三次审议，2021 年 6 月 10 日，《数据安全法》经十三届全国人大常委会第二十九次会议通过并正式发布，于 2021 年 9 月 1 日起施行。作为我国数据安全领域的基础性法律，《数据安全法》有三个特点：

一是坚持安全与发展并重。《数据安全法》设专章对支持促进数据安全与发展的措施做出规定，保护个人、组织与数据有关的权益，提升数据安全治理和数据开发利用水平，促进以数据为关键生产要素的数字经济发展。

二是加强具体制度与整体治理框架的衔接。从基础定义、数据安全管理、数据分类分级、重要数据出境等方面，进一步加强与《网络安全法》等法律的衔接，完善我国数据治理法律制度建设。

三是回应社会关切。加大数据处理违法行为处罚力度，建设重要数据管理、行业自律管理、数据交易管理等制度，回应实践问题及社会关切热点。

5. 数据开发与共享

为深入贯彻落实党中央、国务院关于加强数字政府建设、加快推进全国一体化政务大数据体系建设的决策部署，按照建设指南要求，加强数据汇聚融合、共享开放和开发利用，促进数据依法有序流动，结合实际统筹推动本地区本部门通信数据平台建设，积极开展通信数据与政务体系联动机制和应用服务创新，增强数字政府效能，营造良好数字生态，不断提高政府管理水平和服务效能，为推进国家治理体系和治理能力现代化提供有力支撑。2022 年 10 月 28 日，国务院办公厅颁布《全国一体化政务大数据体系建设指南》，该指南绘制了我国通信大数据结合体系建设的“工程图纸”和“任务清单”，将进一步完善政务大数据管理体系，加强政务数据供需对接，推进政务数据有效利用，提升基础设施保障能力，健全政务数据标准规范体系，强化数据安全保障，促进数据依法有序流动，充分发挥数据在促进经济社会发展、服务企业和群众等方面的重要作用。

2023 年 2 月，中共中央、国务院印发《数字中国建设整体布局规划》。该规划提出，要夯实数字中国建设基础，畅通数据资源大循环。该规划的出台，擘画了数字中国建设蓝图，为促进数字经济和实体经济深度融合提供了根本遵循，正在引发新型社会经济形态的变革，带动“数据生产力”快速发展。特别是面向以 5G 技术为核心的“新基建”领域。

近年来各省市陆续落实公共数据的共享与开放，包括建立各级统一数据共享交换平台、公共数据开放平台，出台公共数据相关的管理办法与法律条例，以此指导与规范公共数据共享开放的实现路径。

1.6　通信大数据产业的关注点

大数据产业已经从野蛮生长阶段走进稳健增长阶段，下一步如何引导产业进入有序、健康的发展快车道，是业界普遍关注的问题。保障大数据产业发展应从以下几点入手。

1. 规范数据交易模式

5G 技术作为未来商业的基础领域，几乎涉及国计民生的所有行业，应以提升效率和保障安全为基础考量，尤其是 5G 通信大数据交互模式、范围和内容等亟待规范。考虑到国内大数据发展情况，当前的首要问题是打击滥用用户数据和无视数据安全的不良企业行为。从整个行业发展来看，建议国家给企业一个相对灵活宽松的环境，在安全合规的基础上，宽松的环境更利于行业发展。

2. 积极树立数据应用成熟行业标杆

深入挖掘数据应用的成熟行业标杆企业，引导其开放数据应用方法和案例，为行业树立发展示范。以数据应用比较成熟的电商领域为例，先由头部企业围绕电商生态进行数据技术与应用探索，沉淀出可供借鉴的方法论。在此基础上，建议从政府层面加以引导，将其转化为全行业通用的标准，为行业内数据应用提供范本。

3. 探索新的数据应用模式

在保障数据安全的前提下探索新的数据应用模式，充分利用云计算、5G、大数据技术等融合优势，发挥通信大数据势能与价值。例如，通过建设数据服务的云端生态市场，实现企业对核心数据的管控，以及在安全环境下的多方数据源的有效融合，充分利用云计算的高弹性和高吞吐等底层技术优势，实现一站式的数据计算、存储、管理与应用，最大化地发挥数据的价值。

1.7　通信大数据课程的特点

在 5G 移动通信时代，新的网络架构和网络技术、虚拟化的设备部署、多样性的业务应用，将对网络运维造成极大的影响。因为这些影响，导致 5G 人才岗位需求也发生了较大的变化。对高校学生而言，需要具备扎实的理论基础和较深入的数据思维，也需要深厚的工程实践水平。通信大数据这门课程将通过大数据技术融合云网的基础理论，覆盖网络的规划设计与网络建设部署、网络运维和管理、网络优化等多个维度，锻炼和提升学生的数据分析、数据处理能力。其实训流程如图 1-1 所示。

本课程通过通信大数据平台将网络中的数据经过清洗和二次开发后得到不同场景的应用，如常规的网络问题分析、速率分析及一些商业和政务应用。

无线网络优化即网络开通后业务优化，具体工作为通过对现有已运行的网络进行网络数据分析、现场测试数据采集、参数分析、硬件检查等手段，找出影响网络质量的原因，并且通过参数的修改、网络结构的调整、设备配置的调整和网络关键技术应用，确保系统高质量地运行。作为移动通信领域最重要的岗位之一，无线网络优化工作在维护网络平稳运行、保障用户感知需求上有着重要的作用。

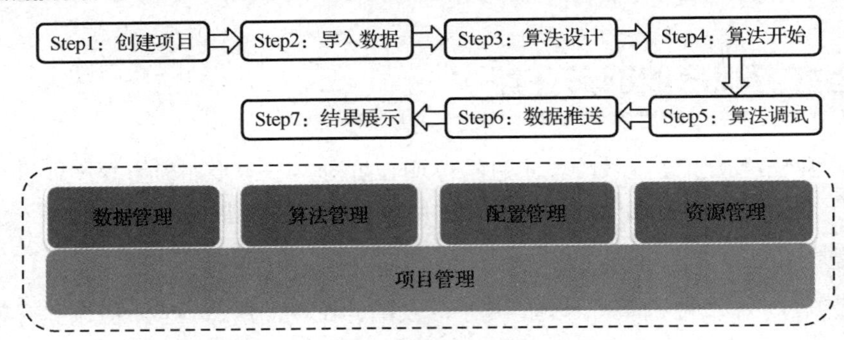

图 1-1　通信大数据课程实训流程

与 2G/3G/4G 移动通信时代不同，由于引入了毫米波技术、大带宽技术、SBA/MEC 灵活布放业务的网络架构技术、MASSIVE MIMO 超大规模天线阵列技术及网络切片技术等，5G 移动通信网络在站点密度、日志数据量及超大天线带来的上千种配置方式，都会极大地增加通信相关工作岗位的难度，移动网络优化的工作量相较 4G 时期的同岗位增加了 3～5 倍，因此采用大数据/人工智能等技术便成为 5G 时代的工作重点。

1.8　未来通信人才培养与行业岗位要求

科技发展，通信先行。在 2019 年，我国正式发放 5G 牌照标志着我国全面进入 5G 通信时代。新兴的网络带来了新的产业需求，也加速了工业 4.0 时代的到来。从传统的 1G 模拟通信到 2G 数字通信，实现了人与人之间的移动通信；从 3G 的多媒体业务到 4G 的 ICT 融合，我们见证了移动互联网的崛起。值得一提的是我国移动通信技术从 1G 空白，2G 跟随，3G 突破，4G 并跑，到 5G 领跑，极大地提升了民族自信心和民族荣誉感。在 5G 网络依托下，“万物互联”已成为现实，“超清视频”“机器通信”“无人驾驶”“VR&AR”等概念已逐渐深入千家万户，5G 网络正引领着人们日常生活的变革。

5G 加快了移动通信产业链的重构，使得越来越多的企业成为移动通信产业重要的组成部分，以运营商为核心的移动通信技术服务市场和增值移动电信业务服务市场将不断发展壮大，并由此带来人才需求的大幅扩张。随着国内 5G 网络已实现大规模商用，带来了大量的网络优化工作需求。当前各高职与本科院校的通信专业均以通信原理、各制式网络理论基础与关键技术为重点课程，主要面向通信系统研发与通信网络工程师等高级技术岗位。受限于岗位发展周期与岗位入门人才标准，多数本科及高职院校学生在进入实际工作岗位后，需经历较长时间的基础网络工作（如路测、后台专项 KPI 数据分析等），经过一段时间知识积累与工作经验积累后才能胜任高级网络规划或网络优化（简称网规或网优）工程师、通信项目经理或通信系统研发岗位。由于学生并未在学校接触到实际网络优化工程师岗位的相关知识，对多数学生而言前期的岗位适应周期相对漫长，且适应期内工作效率低、工作压力大、角色转化慢，极易影响到学生的工作兴趣与绩效考核。

与此同时我国的电信运营商相继提出了新时代网络运维管理中心云网融合的架构要求，对网络优化人员的编程能力和大数据分析能力的要求越来越高。随着通信网络的飞速发展，大数据、云计算、智能运维已成为移动通信领域新的岗位要求。对高校学生而言，需要扎实的理论基础，也需要深厚的实操技能水平，唯有“一专多能”综合型人才才能在日趋激烈的岗位竞争中脱颖而出。通过端到端、网到网的大数据分析让学生掌握自动化运维产品，在全

面提高学生 2G/3G/4G/5G 理论的基础上，进一步提高基于大数据工具、AI 技术来提升网络运行维护与优化的效率，是当前通信人才进一步的发展趋势。

目前很多通信相关专业以高效大数据分析为基础，拟建教学平台尝试实现将通信网络的数据通过通信大数据平台进行清洗和二次开发，从而极大地提升学生的就业竞争力，为学生毕业后的个人发展奠定深厚的基础。

本章总结

移动通信大数据分析领域在未来发展前景广阔，具有多方面的需求和潜在影响。

1）需求人才量大

随着 5G 技术的逐步商用，通信大数据分析领域对拥有数据科学、机器学习、人工智能等技能的人才需求将更加迫切。具备对大规模通信数据处理和分析能力的专业人才将成为未来 ICT 行业的核心竞争力。

2）对未来网络优化提效

通信大数据分析将在未来网络优化中发挥关键作用，通过对大规模通信数据的分析，可以更精确地定位网络瓶颈，提高网络容量和覆盖范围，优化网络结构，从而提供更高效、更稳定的通信服务。这对支持未来更多的智能设备和应用场景来说至关重要。

3）提供大量就业岗位

随着通信大数据分析技术的普及和应用，将会创造大量的就业岗位。不仅包括数据分析师、机器学习工程师、网络优化工程师等，还包括与业务相关的市场分析师、业务规划师等。这为各类专业人才提供了广泛的就业机会。

4）符合发展时代要求

通信大数据分析的发展符合当今数字化时代的要求。随着数字经济的推动，数据已成为推动产业和社会发展的核心资源。通过对通信大数据的分析，我们能够更好地洞察用户需求、优化资源配置、推动科技创新，从而实现社会经济的可持续发展。

5）推动智能化应用

通信大数据分析不仅关注网络性能和用户行为，还可推动智能化应用的发展。通过对用户位置、行为的深入分析，可以为城市规划、交通管理、商业决策等提供智能决策支持，促进各行各业的智能化发展。

总体而言，移动通信大数据分析既是技术创新的引擎，又是就业机会的创造者，更是数字化经济发展的助推器。未来，这一领域将在多个方面发挥关键作用，为推动科技进步和社会进步做出积极贡献。

习题 1

扫一扫看习题 1 及参考答案

1．大数据技术各国都加大了投入，具体表现有哪些？

2．DataWiser 的特点有哪些？

3．目前大数据技术在通信领域已存在的典型应用有哪些？

4．通信大数据课程的特点有哪些？

5．通信大数据产业的关注点有哪些？

第2章 大数据关键组件

大数据是指无法在一定时间内用常规软件工具对其内容进行抓取、管理和处理的数据集合。大数据由巨型数据集组成，这些数据集大小常超出人类在可接受时间范围内的收集、应用、管理和处理能力。大数据必须借由计算机对数据进行统计、比对、解析才能得出客观结果。大数据技术是指从各种类型的数据中，快速获得有价值信息的能力。适用于大数据的技术，包括大规模并行处理（MPP）数据库、数据挖掘电网、分布式文件系统、分布式数据库、云计算平台、互联网和可扩展的存储系统。

Ramayya Krishnan 说过，大数据具有催生社会变革的能量。但释放这种能量，需要严谨的数据治理、富有洞见的数据分析和激发管理创新的环境。[①]

第一，对大数据的处理分析正成为新一代信息技术融合应用的结合点。

第二，大数据是信息产业持续高速增长的新引擎。

第三，大数据的运用将成为提高核心竞争力的关键因素。各行各业的决策正在从“业务驱动”转变“数据驱动”。

第四，大数据时代科学研究的方法将发生重大改变。

众所周知，大数据已经不单单是数据大的事实，最重要是对大数据进行分析才能获取更多智能的、深入的、有价值的信息。

本章通过大数据关键组件的介绍，让大家掌握大数据的主要组件框架和结构框架。

（1）Hadoop 是一个能够对海量数据进行分布式存储和处理的软件框架。包括 YARN、HDFS、MapReduce 组件服务。其中，YARN 为资源调度系统，负责集群计算任务的资源管理；HDFS 为分布式存储系统，负责集群数据分布式存储；MapReduce 为分布式离线计算引擎。

（2）Hive 是基于 Hadoop 的一个数据仓库工具，可以将结构化的数据文件映射为一张数

---

① Ramayya Krishnan，卡内基·梅隆大学海因兹学院院长。

据库表，并提供简单的 SQL 查询功能，可以将 SQL 语句转换为 MapReduce 任务运行。其优点是学习成本低，可以通过类 SQL 语句快速实现简单的 MapReduce 统计，不必开发专门的 MapReduce 应用，十分适合数据仓库的统计分析。

（3）Spark 是分布式计算平台，负责计算任务的分布式计算。包含 SparkCore、SparkML、SparkStreaming、StructStreaming、SparkSql 等计算模块。

（4）Zookeeper 是一个应用于分布式应用的高性能协调服务。它是能为分布式应用提供一致性服务的软件，提供的功能包括配置维护、域名服务、分布式同步、组服务等。

（5）HBase 是一个分布式的、面向列的开源数据库。HBase 不同于一般的关系数据库，它是一个适合于非结构化数据存储的数据库，支持随机读写。

（6）PostGreSQL 是一个功能强大的开源对象关系型数据库系统，它使用和扩展了 SQL 语言，并结合许多安全存储扩展了复杂数据工作负载的功能。

2.1　Hadoop 组件

1. Hadoop 的概念

Hadoop 是一个由 Apache 基金会所开发的分布式系统基础架构，主要解决海量数据的存储和海量数据的分析计算问题。广义上来说，Hadoop 通常是指一个更广泛的概念——Hadoop 生态圈。

2. Hadoop 的优势

（1）高可靠性：Hadoop 底层维护有多个数据副本，所以即使 Hadoop 某个计算元素或存储出现故障，也不会导致数据的丢失；

（2）高扩展性：在集群间分配任务数据，可方便地扩展数以千计的节点；

（3）高效性：在 MapReduce 的思想下，Hadoop 是并行工作的，用以加快任务处理速度；

（4）高容错性：能够自动将失败的任务重新分配。

3. Hadoop 的组成

在 Hadoop1.x 时代，Hadoop 中的 MapReduce 同时处理业务逻辑运算和资源的调度，耦合性较大。在 Hadoop2.x 时代，增加了 YARN。YARN 只负责资源的调度，MapReduce 只负责运算。Hadoop3.x 在组成上没有变化。Hadoop 组成图如图 2-1 所示。

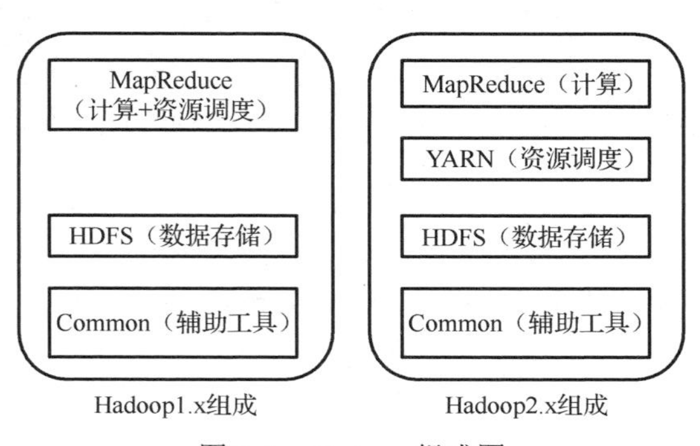

图 2-1　Hadoop 组成图

4. HDFS 的架构

Hadoop Distributed File System（HDFS）是一个分布式文件系统，其架构主要有以下几方面。

（1）NameNode（nn）：存储文件的元数据，如文件名、文件目录结构、文件属性（生成时间、副本数、文件权限），以及每个文件的块列表和块所在的 DataNode 等。

（2）DataNode（dn）：在本地文件系统存储文件块数据及块数据的校验。

（3）Secondary NameNode（2nn）：每隔一段时间对 NameNode 元数据进行备份。

5. YARN 的架构

Yet Another Resource Negotiator（YARN）是资源协调者，是 Hadoop 的资源管理器。其架构如图 2-2 所示。

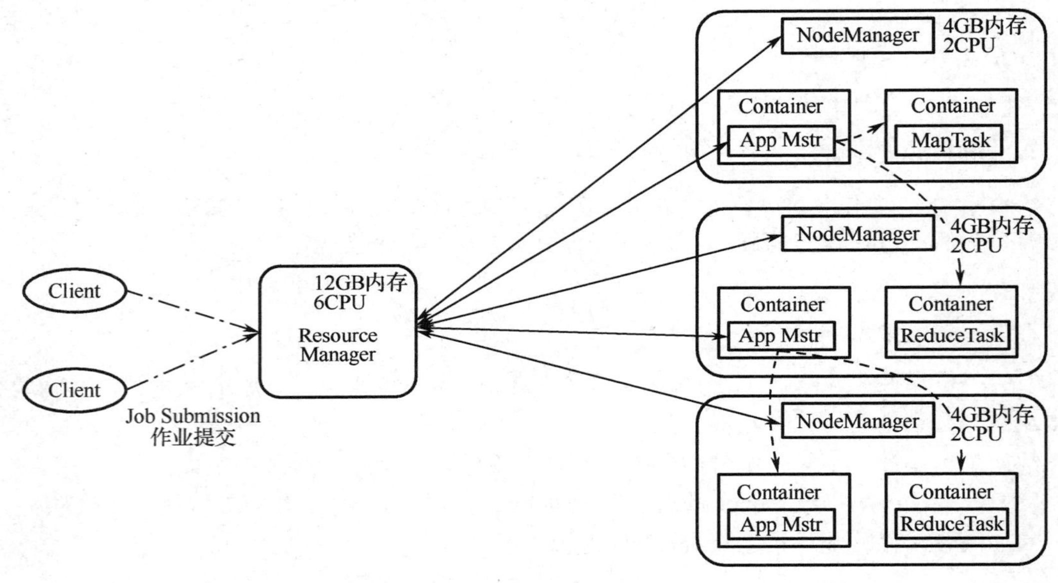

图 2-2　YARN 的架构

ResourceManager（RM）：整个集群资源（内存、CPU 等）的管理者。

NodeManager（NM）：单个节点服务器资源的管理者。

ApplicationMaster（AppMstr 或 AM）：单个任务运行的管理者。ApplicationMaster 是应用程序级别的组件，负责在分配给应用程序的容器中协调和管理应用程序的执行。该组件没有对应的实例或服务。

Container：容器，相当于一台独立的服务器，里面封装了任务运行所需要的资源，如内存、CPU、磁盘、网络等。

6. MapReduce 的架构

MapReduce 的架构主要有两个阶段：Map 和 Reduce。

1）Map 阶段

拆分和映射：输入数据被拆分成多个小块，每个小块由一个 Mapper 处理。Mapper 负责将输入数据中的每个元素映射为键值对（Key-Value Pair）。

键值对生成：对于每个输入元素，Mapper 生成一个或多个键值对。这些键值对包括一个键和与之相关联的值。

中间结果：Mapper 生成的键值对构成中间结果。这些中间结果根据键进行分组，相同键的值被聚合在一起。

并行执行：不同的 Mapper 可以并行执行，处理输入数据的不同部分。并行执行允许 MapReduce 有效地处理大规模数据，提高了其计算性能。

2）Reduce 阶段

对 Map 结果进行汇总。

按键分组：中间结果的键值对被按照键进行分组，相同键的值被聚合在一起。

归约操作：对于每个键值对组，Reduce 任务执行归约操作。归约操作通常是由开发人员定义的，用于处理、聚合和计算中间结果，生成最终结果。

MapReduce 的架构如图 2-3 所示。

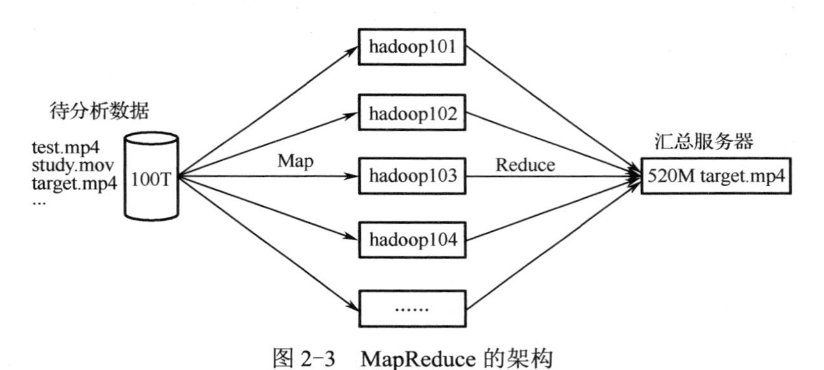

图 2-3　MapReduce 的架构

7. YARN、HDFS、MapReduce 三者的关系

YARN（Yet Another Resource Negotiator）是 Apache Hadoop 的一个关键组件，用于资源管理和作业调度。它是 Hadoop 2.x 版本中的一个重要改进，旨在解决 Hadoop 1.x 版本中 JobTracker 的单点故障和扩展性限制的问题。YARN 的主要功能包括资源管理和作业调度。它将集群资源划分为多个容器（Containers），并将这些容器分配给不同的应用程序。每个容器都有自己的内存和 CPU 资源，应用程序可以在这些容器中运行自己的任务。这种资源隔离和管理方式使得 YARN 能够更有效地利用集群资源，并支持多个并发应用程序运行。另外，YARN 还实现了一个可插拔的调度器框架，使用户可以根据自己的需求选择不同的调度算法。目前，YARN 支持多种调度器，包括容量调度器（Capacity Scheduler）、公平调度器（Fair Scheduler）等，每种调度器都有自己的特点和适用场景。

HDFS 作为存储层，为 YARN 和 MapReduce 提供数据存储和访问的基础。YARN 作为资源管理和作业调度层，负责管理集群中的资源，并调度执行 MapReduce 任务等不同类型的应用程序。MapReduce 作为计算框架，在 HDFS 数据上执行并行计算任务，实现对数据的分布式处理和计算，通过 YARN 进行资源管理和作业调度。

总的来说，YARN、HDFS、MapReduce 共同构成了 Hadoop 生态系统的核心，为大数据处理提供了可靠和高效的解决方案，YARN、HDFS、MapReduce 的关系如图 2-4 所示。

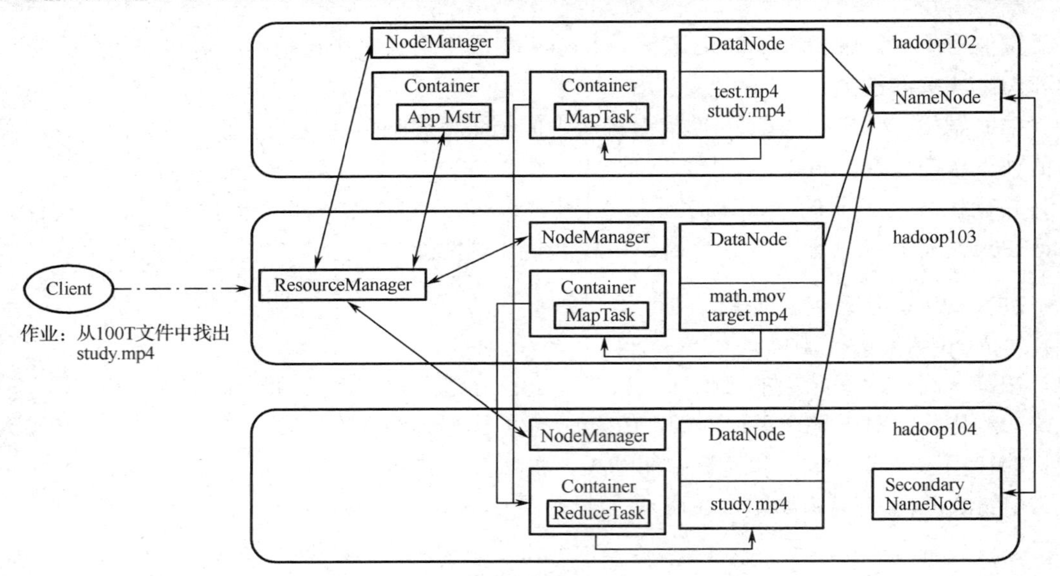

图 2-4　YARN、HDFS、MapReduce 的关系

2.2　Hive 组件

1. Hive 概述

Hive 是由 Facebook 开源用于解决海量结构化日志的数据统计分析工具。Hive 是基于 Hadoop 的一个数据仓库工具，可以将结构化的数据文件映射为一张表，并提供类 SQL 查询功能。其本质是将 SQL 转化成 MapReduce 程序。Hive 数据仓库工具原理如图 2-5 所示。

（1）Hive 处理的数据存储在 HDFS；

（2）Hive 分析数据底层的实现是 MapReduce；

（3）执行程序运行在 YARN 上。

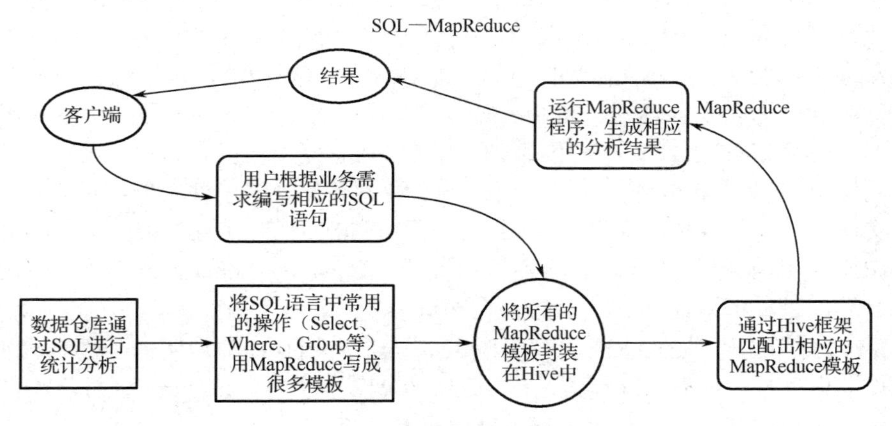

图 2-5　Hive 数据仓库工具原理

2. Hive 的优缺点

1）优点

（1）操作接口采用类 SQL 语法，提供快速开发的能力（简单、容易上手）。

（2）避免了写 MapReduce，减少了开发人员的学习成本。
（3）Hive 的执行是并行计算，因此 Hive 常用于数据分析对实时性要求不高的场合。
（4）Hive 优势在于处理大数据，对于处理小数据没有优势，因为 Hive 的执行延迟比较大。
（5）Hive 支持用户自定义函数，用户可以根据自己的需求来实现自己的函数。

2）缺点
（1）Hive 的 HQL 表达能力有限：
① 迭代式算法无法表达；
② 在数据挖掘方面不擅长。
（2）Hive 的效率比较低：
① Hive 自动生成的 MapReduce 作业，通常情况下不够智能化；
② Hive 调优比较困难，粒度较大。

3. Hive 的架构与运行机制

Hive 数据仓库工具的架构如图 2-6 所示。

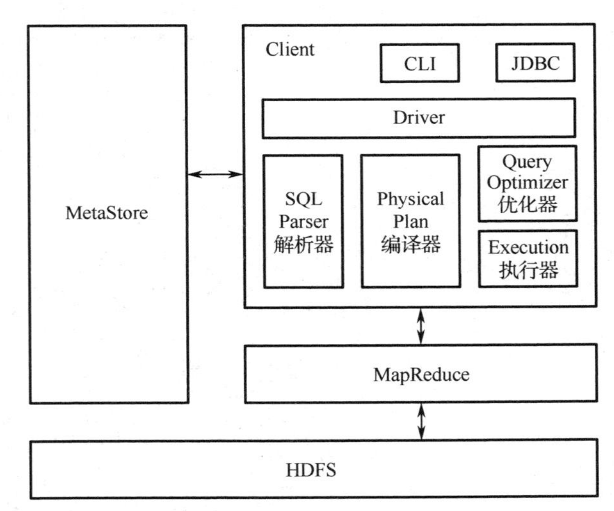

图 2-6　Hive 数据仓库工具的架构

1）用户接口：Client
CLI（Hive shell）、JDBC/ODBC（Java 访问 Hive）、Webui（浏览器访问 Hive）。

2）元数据：MetaStore
元数据包括表名、表所属的数据库（默认是 Default）、表的拥有者、列/分区字段、表的类型（是否是外部表）、表的数据所在目录等；默认存储在自带的 Derby 数据库中，推荐使用 MySQL 存储 MetaStore。

3）Hadoop
使用 HDFS 进行存储，使用 MapReduce 进行计算。

4）驱动器：Driver
（1）解析器（SQL Parser）：将 SQL 字符串转换成抽象语法树 AST，这一步一般都由第三方工具库完成，如 Antlr；对 AST 进行语法分析，如表是否存在、字段是否存在、SQL 语

义是否有误。

（2）编译器（Physical Plan）：将 AST 编译生成逻辑执行计划。

（3）优化器（Query Optimizer）：对逻辑执行计划进行优化。

（4）执行器（Execution）：把逻辑执行计划转换成可以运行的物理计划。对 Hive 来说，就是 MR/Spark。

5）运行机制

Hive 通过给用户提供的一系列交互接口，接收到用户的指令（SQL），使用自己的 Driver 结合元数据（MetaStore），将这些指令翻译成 MapReduce，提交到 Hadoop 中执行，最后，将执行返回的结果输出到用户交互接口。Hive 的运行机制如图 2-7 所示。

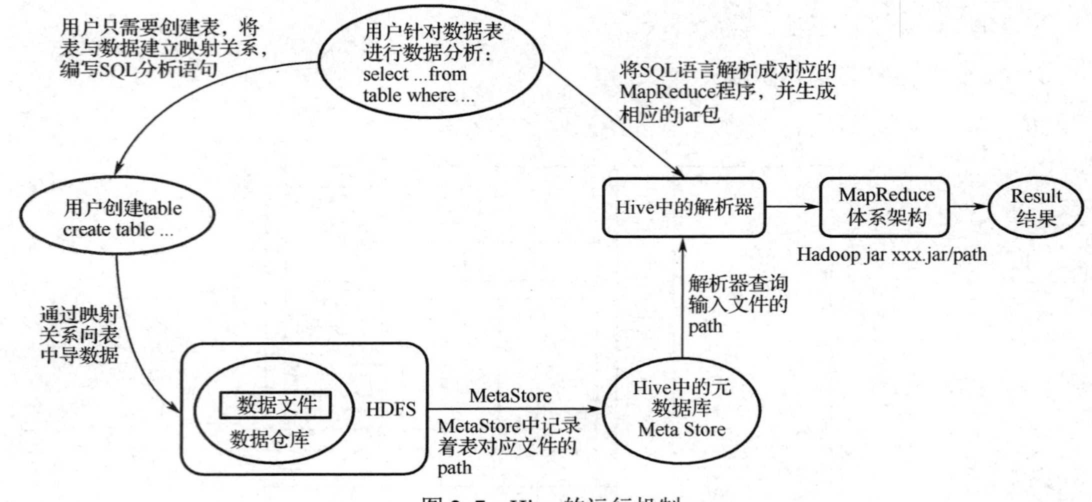

图 2-7　Hive 的运行机制

2.3　Spark 组件

Spark 是一种 One Stack to Rule Them All 的大数据计算框架，期望使用一个技术堆栈就完美地解决大数据领域中的各种计算任务。Apache 官方对 Spark 的定义是：通用的大数据快速处理引擎。Spark 使用 Spark RDD、Spark SQL、Spark Streaming、MLlib、GraphX 成功解决了大数据领域离线批处理、交互式查询、实时流计算、机器学习与图计算等重要的任务和问题。Spark 除具有一站式的特点外，另一个重要特点就是基于内存进行计算，从而让它的速度可以达到 MapReduce、Hive 的数倍甚至数十倍。

Spark 包含了大数据领域常见的各种计算框架：如 Spark Core 用于离线计算，Spark SQL 用于交互式查询，Spark Streaming 用于实时流式计算，Spark MILlib 用于机器学习，Spark GraphX 用于图计算。

Spark 主要用于大数据的计算，而 Hadoop 以后主要用于大数据的存储（如 HDFS、Hive、HBase 等），及资源调度（YARN）。Spark+Hadoop 的组合，是未来大数据领域最热门的组合，也是最有前景的组合。

2.3.1　Spark 的整体架构

Spark 的整体架构如图 2-8 所示。

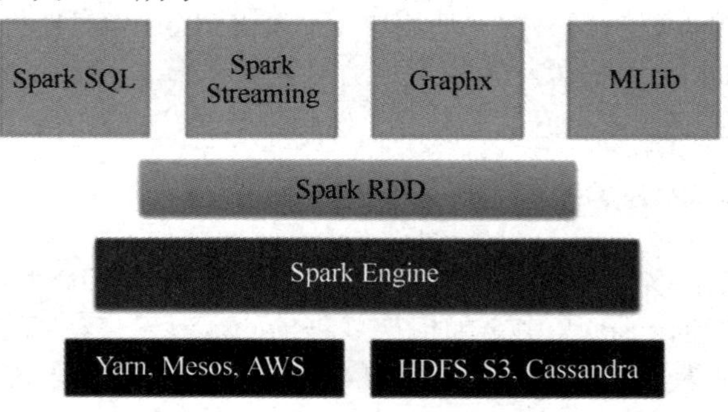

图 2-8　Spark 的整体架构

2.3.2　Spark 的特点

Spark 的特点如图 2-9 所示。

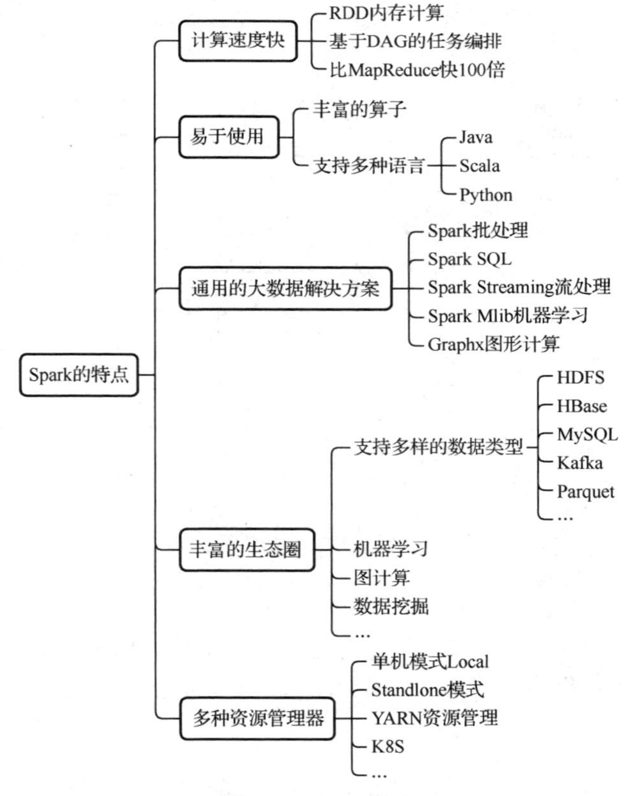

图 2-9　Spark 特点

（1）Spark 计算速度快。Spark 将每个任务构建成 DAG 进行计算，内部的计算过程通过弹性式分布式数据集 RDD 在内存进行计算，相比于 Hadoop 的 MapReduce 效率提升了 100 倍。

（2）易于使用。Spark 提供了大量的算子，开发只需调用相关 API 进行实现，不用关注底层的实现原理。

（3）通用的大数据解决方案。相较于以前离线任务采用 MapReduce 实现，实时任务采用 Storm 实现，目前这些都可以通过 Spark 实现，降低了开发的成本。同时 Spark 通过 Spark SQL 降低了用户的学习使用门槛，还提供了机器学习图计算引擎等。

（4）支持多种资源管理模式。学习使用中可以采用 Local 模型进行任务的调试，在正式环境中又提供了 Standalone、YARN 等模式，方便用户选择合适的资源管理模式进行适配。

（5）丰富的生态圈。Spark 的社区支持好，迭代更新快，成为大数据领域必备的计算引擎。

2.3.3 Spark 的基本工作原理

Spark 基本工作原理最主要的是要搞清楚什么是 RDD 及 RDD 的特性。深刻理解了 RDD 的特性，也就理解了数据在 Spark 中是如何被处理的（Spark 的基本工作原理）。RDD 是 Spark 提供的核心抽象，全称为 Resillient Distributed Dataset，即弹性分布式数据集，是源数据的抽象，也叫映射或代表。即数据要被 Spark 进行处理，在处理之前的首要任务就是要将数据映射成 RDD，对 Spark 来说，RDD 才是其处理数据的规则。

1. 分布式数据集

RDD 抽象来说是一种元素集合，包含数据。它是被分区的，分为多个分区，每个分区分布在集群的不同节点上，从而让 RDD 中的数据可以被并行操作。RDD 分布式数据集如图 2-10 所示（图中 W 是表示 1 万行数据的单位）。

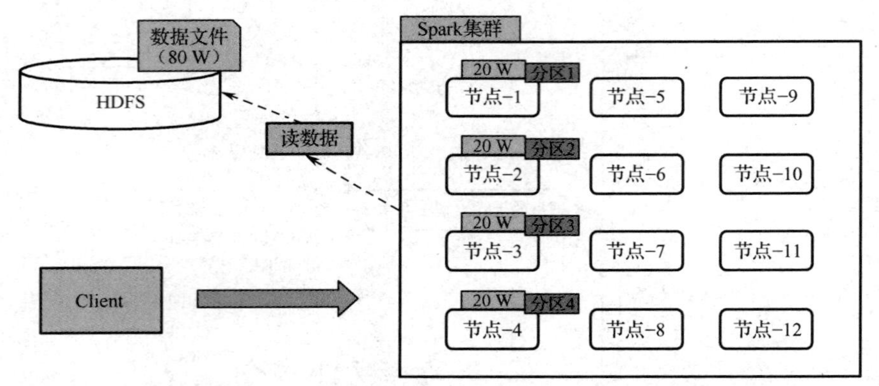

图 2-10　RDD 分布式数据集

2. 弹性

RDD 的数据默认存放在内存中，但当内存资源不足时，Spark 会自动将 RDD 数据写入磁盘。即 RDD 分布式数据集具有弹性，如图 2-11 所示。

3. 迭代式处理

对节点 1、2、3、4 上的数据处理完成之后，可能会移动到其他节点内存中继续处理。Spark 与 MR 最大的不同在于迭代式计算模型：MR 分为两个阶段：Map 和 Reduce，两个阶段处理完了就结束了，所以在一个 Job 中能做的处理很有限，只能在 Map 和 Reduce 中处理；而 Spark 计算过程可以分为 n 个阶段，因为它是内存迭代式的，在处理完一个阶段之后，可以继续往下处理很多阶段，而不是两个阶段。所以 Spark 相较于 MR，计算模型可以提供更强大的功能。RDD 迭代式处理如图 2-12 所示。

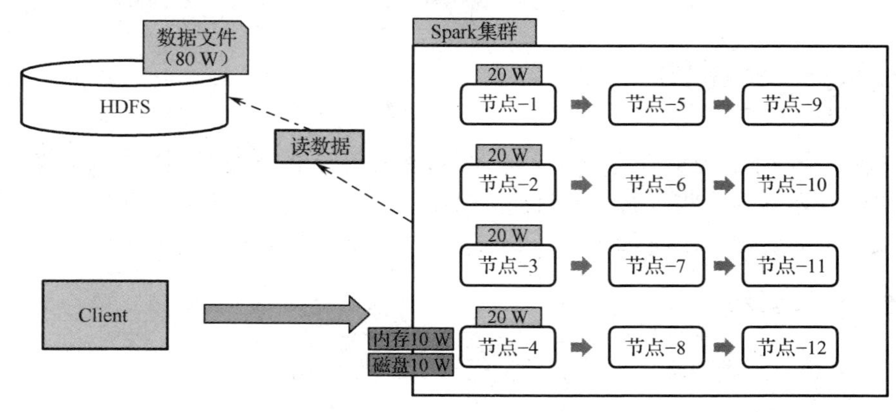

图 2-11　RDD 分布式数据集具有弹性

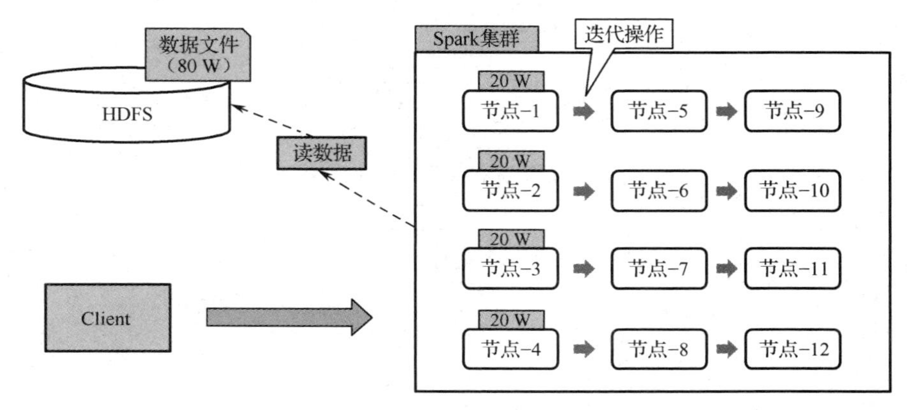

图 2-12　RDD 迭代式处理

4. 容错性

RDD 最重要的特性就是提供了容错性，可以自动从节点失败中恢复过来。如果某个节点上的 RDD Partition 因为节点故障导致数据丢失了，RDD 会自动通过自己的来源数据重新计算该 Partition。这一切对使用者来说都是透明的。RDD 的容错性如图 2-13 所示。

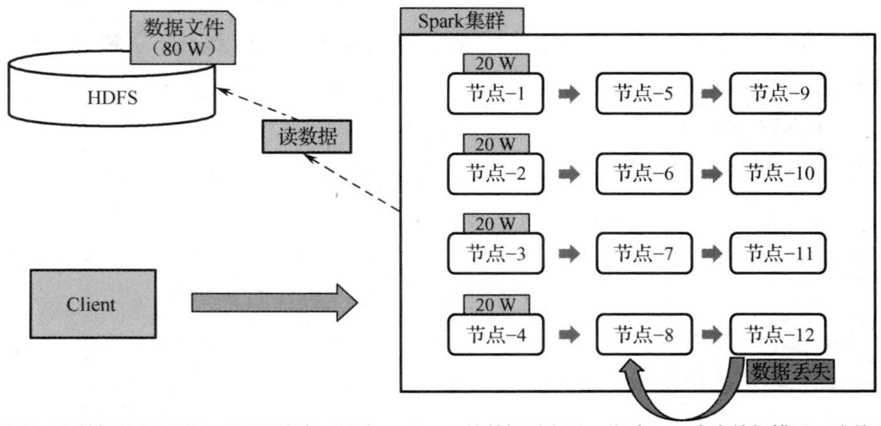

假如节点12在数据处理过程中出现了故障，导致Partition12的数据丢失了，此时Spark会直接报错吗？这是不会的，因为RDD有很强的容错性，当它发现数据丢失之后，会通过自己的来源数据重新计算，重新获取这份数据，这一切对用户来说都是透明的。

图 2-13　RDD 具有容错性

2.4 Zookeeper 组件

Zookeeper 是一个分布式服务框架，是 Apache Hadoop 的一个子项目，它主要用来解决分布式应用中经常遇到的一些数据管理问题，如统一命名服务、状态同步服务、集群管理、分布式应用配置项的管理等。简单来说 Zookeeper=文件系统+监听通知机制。

2.4.1 文件系统

Zookeeper 是一个类似文件系统的数据结构，如图 2-14 所示。

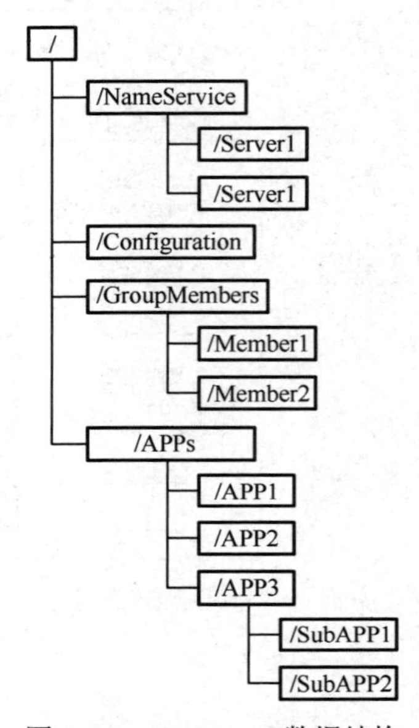

图 2-14 Zookeeper 数据结构

Znode 是 Zookeeper 数据的最小单元。它既能像文件一样保存和维护数据，也可以使用“/”进行分割的方式作为路径标识。每个子目录项如 NameService 都被称作 Znode（目录节点），和文件系统一样，我们能够自由地增加、删除 Znode，在一个 Znode 下增加、删除子 Znode，唯一的不同在于 Znode 是可以存储数据的。

有以下四种类型的 Znode：

（1）PERSISTENT——持久化目录节点。客户端与 Zookeeper 断开连接后，该节点依旧存在。

（2）PERSISTENT_SEQUENTIAL——持久化顺序编号目录节点。客户端与 Zookeeper 断开连接后，该节点依旧存在，Zookeeper 给该节点名称进行顺序编号。

（3）EPHEMERAL——临时目录节点。客户端与 Zookeeper 断开连接后，该节点被删除。

（4）EPHEMERAL_SEQUENTIAL——临时顺序编号目录节点。客户端与 Zookeeper 断开连接后，该节点被删除，Zookeeper 给该节点名称进行顺序编号。

监听通知机制：客户端只监听它关心的目录节点，当目录节点发生变化（数据改变、被删除、子目录节点增加/删除）时，Zookeeper 会通知客户端。

2.4.2　Zookeeper 的功能

Zookeeper 功能非常强大，可以实现如分布式应用配置管理、统一命名服务、状态同步服务、集群管理等，这里以比较简单的分布式应用配置管理为例进行说明。

假设程序分布式部署在多台机器上，如果要改变程序的配置文件，需要逐台机器去修改，非常麻烦，现在把这些配置全部放到 Zookeeper 上，保存在 Zookeeper 的某个目录节点中，然后用所有相关应用程序对这个目录节点进行监听，一旦目录节点配置信息发生变化，应用程序就会收到 Zookeeper 的通知，然后从 Zookeeper 获取新的配置信息应用到系统中。Zookeeper 配置原理如图 2-15 所示。

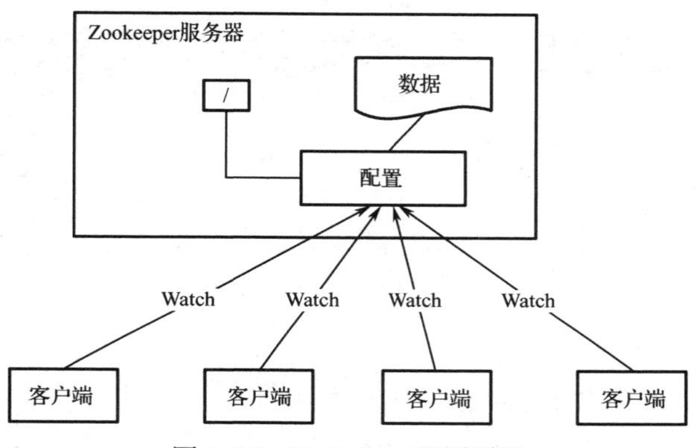

图 2-15　Zookeeper 配置原理

2.5　HBase 组件

HBase 是一种分布式、可扩展、支持海量数据存储的数据库。

在逻辑上，HBase 的数据模型同关系型数据库很类似，数据存储在一张表中，有行有列。但从 HBase 的底层物理存储结构（K-V）来看，HBase 更像一个 Multi-Dimensional Map。

1. HBase 逻辑结构

HBase 逻辑结构如图 2-16 所示。

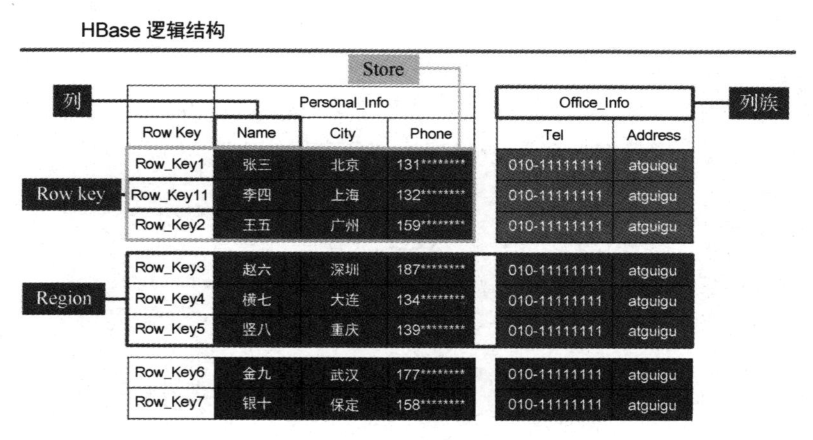

Row Key	Personal_Info: Name	Personal_Info: City	Personal_Info: Phone	Office_Info: Tel	Office_Info: Address
Row_Key1	张三	北京	131********	010-11111111	atguigu
Row_Key11	李四	上海	132********	010-11111111	atguigu
Row_Key2	王五	广州	159********	010-11111111	atguigu
Row_Key3	赵六	深圳	187********	010-11111111	atguigu
Row_Key4	横七	大连	134********	010-11111111	atguigu
Row_Key5	竖八	重庆	139********	010-11111111	atguigu
Row_Key6	金九	武汉	177********	010-11111111	atguigu
Row_Key7	银十	保定	158********	010-11111111	atguigu

图 2-16　HBase 逻辑结构

HBase 物理存储结构如图 2-17 所示。HBase 的物理存储结构是基于行键的有序存储，数据被划分为多个列族，每个列族包含多个列。这种设计支持对存储数据进行水平扩展，能够提供高效的数据存储和检索服务，并保持其服务的高度可用性。

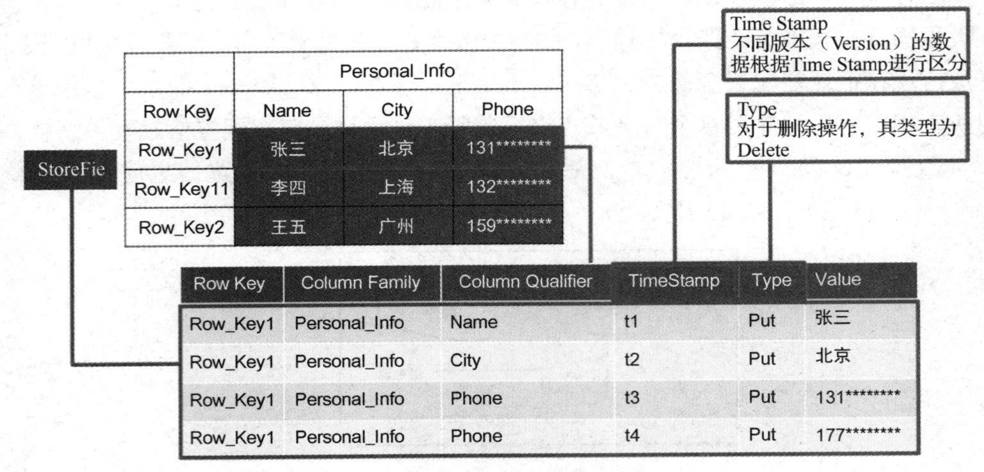

图 2-17　HBase 物理存储结构

1）Name Space

命名空间，类似于关系型数据库 DataBase 的概念，每个命名空间下有多个表。HBase 有两个自带的命名空间，分别是 hbase 和 default，hbase 中存放的是 HBase 内置的表，default 表是用户默认使用的命名空间。

2）Region

类似于关系型数据库表的概念。不同的是，HBase 定义表时只需要声明列族，不需要声明具体的列。这意味着，往 HBase 写入数据时，字段可以动态、按需指定。因此，和关系型数据库相比，HBase 能够轻松应对字段变更的场景。

3）Row

HBase 表中每行数据都由一个 Row Key 和多个 Column（列）组成，数据是按照 Row Key 的字典顺序存储的，查询数据时只能根据 Row Key 进行检索，所以 Row Key 的设计十分重要。

4）Column

HBase 中每个列都由 Column Family（列族）和 Column Qualifier（列限定符）进行限定，如 info:name，info:age。建表时，只需指明列族，而列限定符无须预先定义。

5）Time Stamp

Time Stamp 用于标识数据的不同版本（Version），每条数据写入时，如果不指定时间戳，系统会自动为其加上该字段，其值为写入 HBase 的时间。

6）Cell

由{Row Key, Column Family:Column Qualifier, Time Stamp}唯一确定的单元。Cell 中的数据是没有类型的，全部以字节码形式存储。

2. HBase 基本架构

HBase 基本架构如图 2-18 所示。

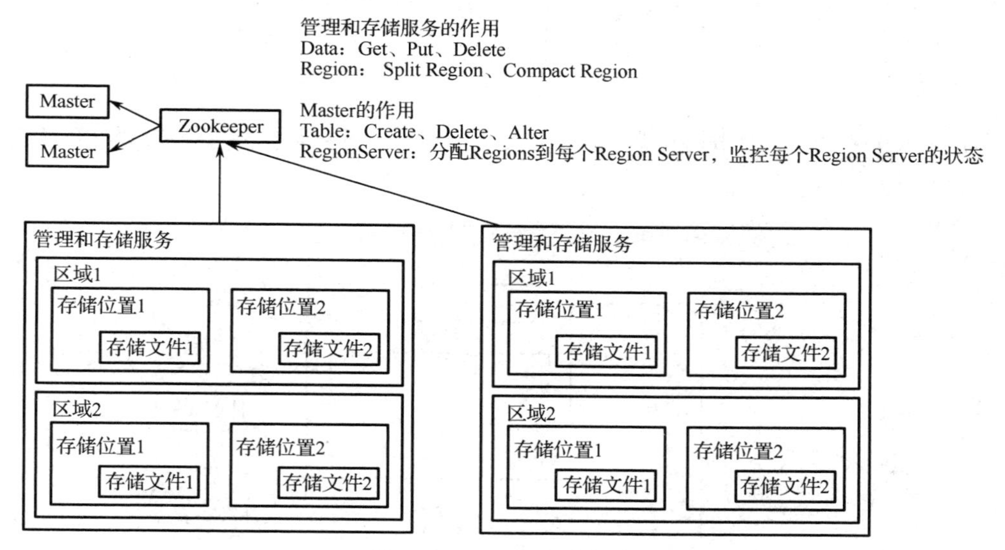

图 2-18　HBase 基本架构

1）Region Server

Region Server（管理和存储服务）为 Region（区域）的管理者，其实现类为 HRegion Server，主要作用：对于数据的操作：Get、Put、Delete；对于 Region 的操作：Split Region、Compact Region。

2）Master

Master 是所有 Region Server 的管理者，其实现类为 HMaster，主要作用：对于表的操作：Create、Delete、Alter；对于 Region Server 的操作：分配 Regions 到每个 Region Server，监控每个 Region Server 的状态。

3）Zookeeper

HBase 通过 Zookeeper 来进行 Master 的高可用、Region Server 的监控、元数据的入口及集群配置的维护等工作。

4）存储

分布式存储将各存储文件分布到不同的区域和位置，为 HBase 提供最终的底层数据存储服务，同时为 HBase 提供高可用的支持。

2.6 PostGreSQL 组件

1. 定义

PostGreSQL 是一种特性非常齐全的自由软件的对象——关系型数据库管理系统（ORDBMS），是以加州大学计算机系开发的 POSTGRES 4.2 版本为基础的对象关系型数据库管理系统。PostGreSQL 支持大部分的 SQL 标准并且提供了很多其他的新特性，如复

杂查询、外键、触发器、视图、事务完整性、多版本并发控制等。同样，PostGreSQL 也可以用许多方法扩展，如通过增加新的数据类型、函数、操作符、聚集函数、索引方法、过程语言等进行扩展。另外，因为许可证的灵活，任何人都可以以任何目的免费使用、修改和分发 PostGreSQL。

2. 架构

PostGreSQL 的物理架构非常简单，它由共享内存、一系列后台进程和数据文件组成，如图 2-19 所示。

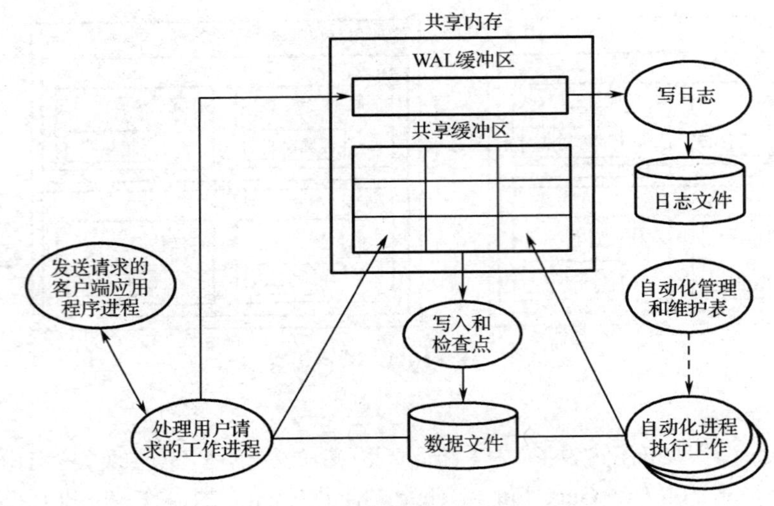

图 2-19　PostGreSQL 架构

1）共享内存

（1）共享内存是服务器为数据库缓存和事务日志缓存预留的内存缓存空间。其中最重要的组成部分是共享缓冲区和 WAL 缓冲区。

（2）共享缓冲区：目的是减少磁盘 IO。为达到这个目的，必须满足以下规则：当需要快速访问非常大的缓存时（10GB、100GB 等）；如果有很多用户同时使用缓存，需要将内容尽量缩小；频繁访问的磁盘块必须长期放在缓存中。

（3）WAL 缓冲区是用来临时存储数据库变化的缓存区域。存储在 WAL 缓冲区中的内容会根据提前定义好的时间点参数要求写入磁盘的 WAL 文件中。在备份和恢复的场景下，WAL 缓冲区和 WAL 文件是极其重要的。

2）PostGreSQL 四种进程类型

（1）PostMaster（Daemon）Process（主后台驻留进程）；

（2）BackGround Process（后台进程）；

（3）Backend Process（后端进程）；

（4）Client Process（客户端进程）。

PostMaster Process：主后台驻留进程是 PostGreSQL 第一个启动的进程。启动时，它会执行恢复、初始化共享内存及运行后台进程操作。正常服役期间，当有客户端发起链接请求时，它还负责创建后端进程。PostMaster Process 工作原理如图 2-20 所示。

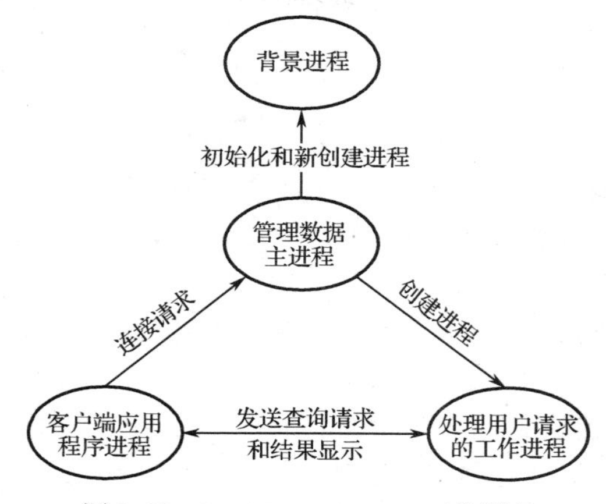

图 2-20 PostMaster Process 工作原理

任务 1 了解通信与大数据的融合

1. 任务目的

将大家熟悉的多份数据（学生基础信息、成绩、就业数据等）与大数据平台相结合，让大家了解大数据技术是如何帮助我们提高数据分析效率的。

2. 任务准备

（1）通信大数据平台；

（2）学生成绩数据。

3. 任务工作过程

（1）数据推送。根据学生成绩表设计结果表，包含结果表的表名、字段等关键信息。

（2）数据关联。在大数据平台通过算法将多张表格相关联，得出结果表。

（3）结果展示。将结果表通过 BI 展示。

4. 任务报告

（1）输出算法；

（2）输出结果表；

（3）结果的 BI 展示。

本章总结

本章介绍了大数据平台的一些核心组件，这些组件在大数据生态系统中相互配合，构建了一个完整的数据处理和存储平台。HDFS 提供了数据的存储，YARN 管理集群资源，MapReduce 和 Spark 提供了计算框架，Hive 提供了 SQL 接口，而 Zookeeper 确保各个组件之间的协调和一致性。这些组件协同工作，构成了一个强大的大数据生态系统，能够处理和分析大规模数据集。不同组件的选择取决于任务的性质，例如，Spark 适合需要快速交互和复杂分析的场景。通过学习可以对大数据组件有基本的了解和掌握。

习题 2

1．Hadoop 发展至今经历了几个大版本的更新，分别是什么？

2．大数据组件中，提供数据存储的组件叫什么，主要包含了哪些实例（服务），实例的作用是什么？

3．YARN 的作用是什么，主要包含什么实例（服务），什么作用？

4．MapReduce 架构用于计算的阶段是什么？

5．列举几项 Hive 的优缺点。

6．本章介绍的计算法框架有哪些？哪个更优秀一些？

7．Zookeeper 的主要作用是什么？

3.1 SQL 语言

3.1.1 SQL 语言的定义与特点

1. 定义

SQL 语言是结构化查询语言（Structured Query Language）的简称。SQL 语言是一种数据库查询和程序设计语言，用于存取数据及查询、更新和管理关系数据库系统。SQL 语言是高级的非过程化编程语言，允许用户在高层数据结构上工作。它不要求用户指定对数据的存放方法，也不需要用户了解具体的数据存放方式，所以具有完全不同底层结构的不同数据库系统可以使用相同的结构化查询语言作为数据输入与管理的接口。SQL 语言语句还可以嵌套，这使其具有极大的灵活性和强大的功能。

SQL 是 1986 年 10 月由美国国家标准局（ANSI）通过的数据库语言美国标准，紧接着，国际标准化组织（ISO）就颁布 SQL 正式国际标准。1989 年 4 月，ISO 提出了具有完整性特征的 SQL89 标准，1992 年 11 月又公布了 SQL92 标准，在此标准中，把数据库分为三个级别：基本集、标准集和完全集。

各种不同的数据库对 SQL 语言的支持与标准存在细微的差别，这是因为，有的产品的开发先于标准的公布，另外，各产品开发商为了得到特殊的性能或新的特性，需要对标准进行扩展。已有 100 多种遍布微机到大型机上的数据库产品 SQL，包括 DB2、SQL/DS、ORACLE、INGRES、SYBASE、SQLSERVER、DBASEⅣ、PARADOX、MICROSOFTACCESS 等。

SQL 语言基本上独立于数据库本身、使用的机器、网络、操作系统，基于 SQL 的 DBMS 产品可以运行在个人机、工作站和基于局域网、小型机和大型机的各种计算机系统上，具有良好的可移植性。可以看出标准化的工作是很有意义的。早在 1987 年就有人预测 SQL 的标准化是“一场革命”，是“关系数据库管理系统的转折点”。数据库和各种产品都使用 SQL 作

为共同的数据存取语言和标准的接口，使不同数据库系统之间的互操作有了共同的基础，进而实现异构机、各种操作环境的共享与移植。

2. 特点

（1）折叠一体化：SQL 集数据定义 DDL、数据操纵 DML 和数据控制 DCL 于一体，可以完成数据库中的全部工作。

（2）使用方式灵活：它具有两种使用方式，既可以直接以命令方式交互使用；也可以嵌入 C、C++、FORTRAN、COBOL、JAVA 等主语言中使用。

（3）折叠非过程化：只提操作要求，不必描述操作步骤，也不需要导航。使用时只需要告诉计算机“做什么”，而不需要告诉它“怎么做”。

（4）折叠语言简洁，语法简单，好学好用：在 ANSI 标准中，只包含了 94 个英文单词，核心功能只用 6 个动词，语法接近于英语口语。

3.1.2 常用语句

1. 语法要求

（1）SQL 语句可以单行或多行书写，以分号结尾；

（2）可以用空格和缩进来增强语句的可读性；

（3）关键字不区别大小写，建议使用大写。

2. 分类

（1）DDL（Data Definition Language）：数据定义语言，用来定义数据库对象：库、表、列等；

（2）DML（Data Manipulation Language）：数据操作语言，用来定义数据库记录（数据），这里只列举了 HiveSQL 分析部分的常用操作。

3. 基本操作

（1）查看所有数据库名称：show databases；

（2）切换数据库：USE mydb1，切换到 mydb1 数据库；

（3）创建数据库：create database [IF NOT EXISTS] mydb1；

（4）创建表：

```
create table 表名(
  列名 列类型,
  列名 列类型,
  ......
);
```

（5）查看当前数据库中所有表名称：show tables；

（6）查看指定表的创建语句：show create table emp，查看 emp 表的创建语句；

（7）查看表结构：DESC emp，查看 emp 表结构；

（8）删除表：DROP TABLE emp，删除 emp 表。

4. 新增数据库

```
create database 数据库名 [数据库选项];
```

5. 查看所有的数据库

```
show databases;
```

6. 查看数据库的创建语句

```
show create database 数据库名;
```

7. 删除数据库

对于数据库的删除要谨慎，因为其是不可逆的。

```
drop database 数据库名称;
```

8. 新增数据表

```
create table 表名(
  字段名 1 数据类型 comment '备注......',
  字段名 2 数据类型 comment '备注......',
)[表选项];
```

其中的表选项含义如下。

（1）字符集：charset/character set（可以不写，默认采用数据库的）；

（2）校对集：collate；

（3）存储引擎：engine = innodb（默认的）。存储文件的格式（数据如何存储）。

注意：在创建数据表的时候，需要指定要在哪个数据库下创建。创建方式有以下两种。

（1）显式创建：

```
create table 数据库名.数据表名
```

（2）隐式创建：

```
use 数据库名;
```

9. 查看所有的数据表

```
show tables;
```

10. 查看表使用匹配查询

```
Show tables like 'pattern'; #与数据库的 pattern 一样：_和%两个通配符
```

11. 查看数据表的结构

```
desc 数据表名;
```

12. 插入数据操作

```
insert into table 表名 [(字段列表)] values (值列表);
```

3.1.3 数据查询语法

数据查询语法（DQL）就是数据查询语言，数据库执行 DQL 语句不会对数据进行改变，而是让数据库发送结果集给客户端。

```
SELECT selection_list                    /*要查询的列名称*/
  FROM table_list                        /*要查询的表名称*/
  WHERE condition                        /*行条件*/
  GROUP BY grouping_columns              /*对结果分组*/
  HAVING condition                       /*分组后的行条件*/
  ORDER BY sorting_columns               /*对结果分组*/
  LIMIT offset_start, row_count          /*结果限定*/
```

1. 基础查询

（1）查询所有列：

```
SELECT * FROM stu;
```

（2）查询指定列：

```
SELECT sid, sname, age FROM stu;
```

2. 条件查询

条件查询就是在查询时给出 WHERE 子句，在 WHERE 子句中可以使用如下运算符及关键字：

```
=、!=、<>、<、<=、>、>=;
BETWEEN…AND;
IN(set);
IS NULL;
AND;
OR;
NOT;
```

例如：

（1）查询性别为女，并且年龄为 50 岁的记录：

```
SELECT * FROM stu
WHERE gender='female' AND age=50;
```

（2）查询学号为 S_1001，或者姓名为 liSi 的记录：

```
SELECT * FROM stu
WHERE sid ='S_1001' OR sname='liSi';
```

（3）查询学号为 S_1001，S_1002，S_1003 的记录：

```
SELECT * FROM stu
WHERE sid IN ('S_1001','S_1002','S_1003');
```

（4）查询学号不是 S_1001，S_1002，S_1003 的记录：

```
SELECT * FROM tab_student
WHERE s_number NOT IN ('S_1001','S_1002','S_1003');
```

（5）查询年龄为 NULL 的记录：

```
SELECT * FROM stu
WHERE age IS NULL;
```

（6）查询年龄 20～40 的学生记录：

```
SELECT *
FROM stu
WHERE age>=20 AND age<=40;
```

或者

```
SELECT *
FROM stu
WHERE age BETWEEN 20 AND 40;
```

（7）查询性别非男的学生记录：

```
SELECT *
FROM stu
WHERE gender!='male';
```

或者

```
SELECT *
FROM stu
WHERE gender<>'male';
```

或者

```
SELECT *
FROM stu
WHERE NOT gender='male';
```

（8）查询姓名不为 NULL 的学生记录：

```
SELECT *
FROM stu
WHERE NOT sname IS NULL;
```

或者

```
SELECT *
FROM stu
WHERE sname IS NOT NULL;
```

3. 模糊查询

当想查询姓名中包含 a 字母的学生时就需要使用模糊查询了。模糊查询需要使用关键字 LIKE。例如：

（1）查询姓名由 5 个字母构成的学生记录：

```
SELECT *
FROM stu
WHERE sname LIKE '_____';
```

模糊查询必须使用 LIKE 关键字。其中 “_” 匹配任意一个字母，5 个 “_” 表示 5 个任意字母。

（2）查询姓名由 5 个字母构成，并且第 5 个字母为“i”的学生记录：

```
SELECT *
FROM stu
WHERE sname LIKE '____i';
```

（3）查询姓名以“z”开头的学生记录：

```
SELECT *
FROM stu
WHERE sname LIKE 'z%';
```

其中“%”匹配 0～*n* 个任何字母。

（4）查询姓名中第 2 个字母为“i”的学生记录：

```
SELECT *
FROM stu
WHERE sname LIKE '_i%';
```

（5）查询姓名中包含“a”字母的学生记录：

```
SELECT *
FROM stu
WHERE sname LIKE '%a%';
```

4. 字段控制查询

（1）去除重复记录（两行或两行以上记录中数据都相同），如 emp 表中 sal 字段就存在相同的记录。当只查询 emp 表的 sal 字段时，会出现重复记录，想去除重复记录，需要使用 DISTINCT：

```
SELECT DISTINCT sal FROM emp;
```

（2）查看雇员的月薪与佣金之和。因为 sal 和 comm 两列的类型都是数值类型，所以可以做加运算。若 sal 或 comm 中有一个字段不是数值类型，则会出错。

```
SELECT *,sal+comm FROM emp;
```

comm 列有很多记录的值为 NULL，因为任何数值与 NULL 相加结果还是 NULL，所以结算结果可能会出现 NULL。下面使用了将 NULL 转换成数值 0 的函数 IFNULL：

```
SELECT *,sal+IFNULL(comm,0) FROM emp;
```

（3）给列名添加别名。在上面查询中出现列名为 sal+IFNULL(comm,0)，这很不美观，现在这一列给出一个别名 total：

```
SELECT *, sal+IFNULL(comm,0) AS total FROM emp;
```

给列起别名时，是可以省略 AS 关键字的：

```
SELECT *,sal+IFNULL(comm,0) total FROM emp;
```

5. 排序

（1）查询所有学生记录，按年龄升序排序：

```
SELECT *
FROM stu
ORDER BY sage ASC;
```

或者

```
SELECT *
FROM stu
ORDER BY sage;
```

（2）查询所有学生记录，按年龄降序排序：

```
SELECT *
FROM stu
ORDER BY age DESC;
```

（3）查询所有雇员，按月薪降序排序，月薪相同时，按编号升序排序：

```
SELECT * FROM emp
ORDER BY sal DESC,empno ASC;
```

6. 聚合函数

聚合函数是用来做纵向运算的函数。

COUNT()：统计指定列不为 NULL 的记录行数；

MAX()：计算指定列的最大值，如果指定列是字符串类型，则使用字符串排序运算；

MIN()：计算指定列的最小值，如果指定列是字符串类型，则使用字符串排序运算；

SUM()：计算指定列的数值和，如果指定列类型不是数值类型，则计算结果为 0；

AVG()：计算指定列的平均值，如果指定列类型不是数值类型，则计算结果为 0。

（1）COUNT：当需要纵向统计时可以使用 COUNT()。

查询 emp 表中记录数：

```
SELECT COUNT(*) AS cnt FROM emp;
```

查询 emp 表中有佣金的人数：

```
SELECT COUNT(comm) cnt FROM emp;
```

注意，因为 COUNT()函数中给出的是 comm 列，只统计 comm 列非 NULL 的行数即可。

查询 emp 表中月薪大于 2 500 元的人数：

```
SELECT COUNT(*) FROM emp
WHERE sal > 2500;
```

统计月薪与佣金之和大于 2 500 元的人数：

```
SELECT COUNT(*) AS cnt FROM emp WHERE sal+IFNULL(comm,0) > 2 500;
```

查询有佣金的人数及有领导的人数：

```
SELECT COUNT(comm), COUNT(mgr) FROM emp;
```

（2）SUM：当需要纵向求和时使用 SUM()函数。

查询所有雇员月薪和：

```
SELECT SUM(sal) FROM emp;
```

查询所有雇员月薪和及所有雇员佣金和：

```
SELECT SUM(sal), SUM(comm) FROM emp;
```

查询所有雇员月薪+佣金和：

```
SELECT SUM(sal+IFNULL(comm,0)) FROM emp;
```

（3）统计所有员工平均工资：

```
SELECT SUM(sal), COUNT(sal) FROM emp;
```

或者

```
SELECT AVG(sal) FROM emp;
3MAX 和 MIN
```

（4）查询最高工资和最低工资：

```
SELECT MAX(sal), MIN(sal) FROM emp;
```

（5）分组查询：当需要分组查询时使用 GROUP BY 子句，如查询每个部门的工资和，就要使用 GROUP BY 子句来分组。

查询每个部门的部门编号和每个部门的工资和：

```
SELECT deptno, SUM(sal)
FROM emp
GROUP BY deptno;
```

查询每个部门的部门编号及每个部门的人数：

```
SELECT deptno,COUNT(*)
FROM emp
GROUP BY deptno;
```

查询每个部门的部门编号及每个部门工资大于 1 500 元的人数：

```
SELECT deptno,COUNT(*)
FROM emp
WHERE sal>1500
GROUP BY deptno;
HAVING 子句
```

查询工资总和大于 9 000 元的部门编号及工资和：

```
SELECT deptno, SUM(sal)
FROM emp
GROUP BY deptno
HAVING SUM(sal) > 9000;
```

注意：WHERE 是对分组前记录的约束条件，如果某行记录没有满足 WHERE 子句的条件，那么这行记录不会参与分组；而 HAVING 是对分组后数据的约束。

7. LIMIT

LIMIT 用来限定查询结果的起始行及总行数。

（1）查询 5 行记录，起始行从 0 开始：

```
SELECT * FROM emp LIMIT 0, 5;
```

注意，起始行从 0 开始，即从第一行开始！

（2）查询 10 行记录，起始行从 3 开始：

```
SELECT * FROM emp LIMIT 3, 10;
```

（3）分页查询：

如果一页记录为 10 条，希望查看第 3 页记录应该怎么查呢？

第一页记录起始行为 0，一共查询 10 行；

第二页记录起始行为 10，一共查询 10 行；

第三页记录起始行为 20，一共查询 10 行。

8. 连接查询

连接查询就是求出多个表的乘积，如 t1 连接 t2，那么查询出的结果就是 t1*t2，示例如图 3-1 所示。

连接查询会产生笛卡儿积，假设集合 A 为{a,b}，集合 B 为{0,1,2}，则两个集合的笛卡儿积为{(a,0),(a,1),(a,2),(b,0),(b,1),(b,2)}，这可以扩展到多个集合的情况。

但多表查询产生这样的结果并不是我们想要的，那么如何去除重复的、不想要的记录呢，当然是通过条件过滤。通常要查询的多个表之间都存在关联关系，就通过关联关系去除笛卡儿积。

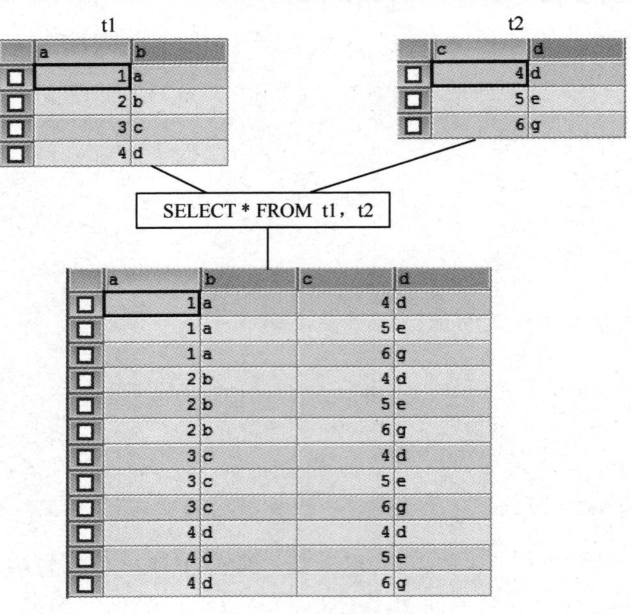

图 3-1 连接查询

9. 内连接

上面的连接语句就是内连接，但它不是 SQL 标准中的查询方式，可以理解为方言。SQL 标准的内连接为：

```
SELECT *
FROM emp e
INNER JOIN dept d
ON e.deptno=d.deptno;
```

内连接的特点：查询结果必须满足条件。如向 emp 表中插入一条记录：

1015	张三	保洁员	1009	1999-12-31	80000.00	20000.00	50

其中 deptno 为 50，而在 dept 表中只有 10、20、30、40 部门，上面的查询结果中就不会出现“张三”这条记录，因为它不能满足 e.deptno=d.deptno 这个条件。

10. 外连接（左连接、右连接）

外连接的特点：查询出的结果存在不满足条件的可能。

左连接：

```
SELECT * FROM emp e
LEFT OUTER JOIN dept d
ON e.deptno=d.deptno;
```

左连接是先查询出左表（即以左表为主），然后查询右表，并将右表中满足条件的记录显示出来，不满足条件的记录显示 NULL。

11. 子查询

子查询就是嵌套查询，即 SELECT 中包含 SELECT，如果一条语句中存在两个或两个以上 SELECT，就是子查询语句。

子查询出现的位置：

（1）WHERE 后，作为条件的一部分；

（2）FROM 后，作为被查询的一个表。

当子查询出现在 WHERE 后作为条件时，还可以使用如下关键字：

（1）ANY；

（2）ALL。

子查询结果集的形式：

（1）单行单列（用于条件）；

（2）单行多列（用于条件）；

（3）多行单列（用于条件）；

（4）多行多列（用于表）。

3.2　Python 语言

3.2.1　Python 语言的定义和特点

1. Python 定义

Python 是一个高层次的结合了解释性、编译性、互动性和面向对象的脚本语言。

Python 的设计具有很强的可读性，相比其他语言经常使用英文关键字和一些标点符号，它具有更具特色的语法结构。

Python 是一种解释型语言：这意味着在开发过程中没有编译这个环节。类似于 PHP 和 Perl 语言。

Python 是交互式语言：这意味着，可以在一个 Python 提示符 >>> 后直接执行代码。

Python 是面向对象语言：这意味着，Python 支持面向对象的编程风格，也支持代码封装在对象内的编程技术。

Python 是初学者的语言：Python 对初级程序员而言，是一种伟大的语言，它支持广泛的应用程序开发，从简单的文字处理到 WWW 浏览器，再到游戏。

Python 的设计哲学是优雅、明确、简单。Python 是一种跨平台的计算机程序设计语言；Python 应用领域：Web 和 Internet 开发、科学计算和统计、人工智能、桌面界面开发、软件开发、后端开发、网络爬虫等。

2. Python 特点

易于学习：Python 有相对较少的关键字，结构简单，有一个明确定义的语法，学习起来更加简单。

易于阅读：Python 代码定义更清晰。

易于维护：Python 的成功在于它的源代码是相当容易维护的。

一个广泛的标准库：Python 最大的优势之一是丰富的库，可以跨平台使用，在 UNIX、Windows 和 Macintosh 下兼容性很好。

互动模式：互动模式的支持，可以从终端输入执行代码并获得结果，互动地测试和调试代码片段。

可移植：基于其开放源代码的特性，Python 已经被移植（也就是使其工作）到许多平台。

可扩展：如果需要一段运行很快的关键代码，或者是想要编写一些不愿开放的算法，可以使用 C 或 C++完成该部分程序，然后通过 Python 程序调用。

数据库：Python 提供所有主要商业数据库的接口。

GUI 编程：Python 支持 GUI，可以创建和移植到许多系统调用。

可嵌入：可以将 Python 嵌入 C/C++程序，让用户获得“脚本化”程序的能力。

3.2.2 变量类型

在 Python 规范中，每行语句结束不必写分号，但是在嵌套语句中，要以 4 个空格或一个 tab 占位四个字节的大小。

Python 中的变量赋值不需要类型声明。

```
counter = 100
a = b = c = 1
a, b, c = 1, 2, "john"
```

Python 有五个标准的数据类型：Numbers（数字）、String（字符串）、List（列表）、Tuple（元组）、Dictionary（字典）。

1. 数字类型

Python 支持四种不同的数字类型：int（有符号整型）、long［长整型（也可以代表八进制和十六进制）］、float（浮点型）、complex（复数），如表 3-1 所示。

表 3-1　字符串类型变量举例

int	long	float	complex
10	51924361L	0.0	3.14j
100	-0x19323L	15.20	45.j
-786	0122L	-21.9	9.322e-36j
080	0xDEFABCECBDAECBFBAEl	32.3e+18	0.876j
-0490	535633629843L	-90.0	-.6545+0J
-0x260	-052318172735L	-32.54e100	3e+26J
0x69	-4721885298529L	70.2E-12	4.53e-7j

2. 字符串类型

字符串或串（String）是由数字、字母、下画线组成的一串字符。

Python 的字符串列表有 2 种取值顺序，示例如图 3-2 所示：

图 3-2　Python 字符串列表取值顺序示例

按从左到右的顺序时索引默认从 0 开始，最大索引是字符串长度减 1；

按从右到左的顺序时索引默认从-1 开始，最大索引是字符串开始的数值-1。

示例程序如下：

```
str = 'Hello World!'
print str                  # 输出完整字符串
print str[0]               # 输出字符串中第一个字符
print str[2:5]             # 输出字符串中第三个至第六个之间的字符串
print str[2:]              # 输出从第三个字符开始的字符串
print str * 2              # 输出字符串两次
print str + "TEST"         # 输出连接的字符串
=====================================================================
Hello World!
H
llo
llo World!
Hello World!Hello World!
Hello World!TEST
```

3. 列表类型

列表用 [ ] 标识，是 Python 最通用的复合数据类型。

列表中值的切割也可以用变量 [头下标:尾下标]截取相应的列表，从左到右索引默认从 0 开始，从右到左索引默认从-1 开始，下标可以为空，表示取到头或尾，如图 3-3 所示。

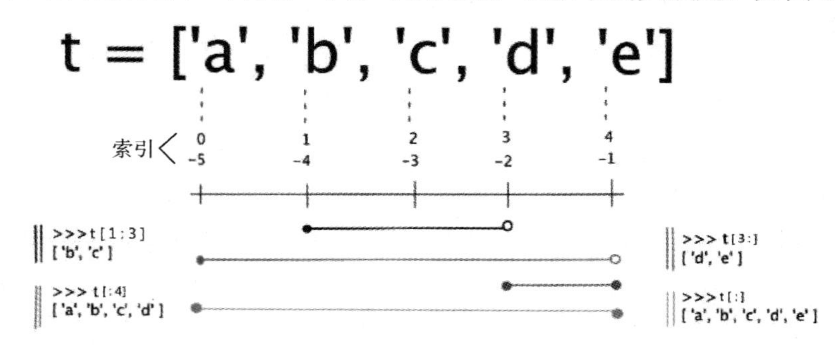

图 3-3　复合数据类型

加号 + 是列表连接运算符，星号 * 是重复操作，示例程序如下：

```
list = [ 'runoob', 786 , 2.23, 'john', 70.2 ]
tinylist = [123, 'john']

print list                 # 输出完整列表
print list[0]              # 输出列表的第一个元素
print list[1:3]            # 输出第二个至第三个元素
print list[2:]             # 输出从第三个开始至列表末尾的所有元素
print tinylist * 2         # 输出列表两次
print list + tinylist      # 打印组合的列表
=====================================================================
['runoob', 786, 2.23, 'john', 70.2]
```

```
runoob
[786, 2.23]
[2.23, 'john', 70.2]
[123, 'john', 123, 'john']
['runoob', 786, 2.23, 'john', 70.2, 123, 'john']
```

4. 元组类型

元组用（）标识，内部元素用逗号隔开。元组不能二次赋值，相当于只读列表。示例程序如下：

```
tuple = ( 'runoob', 786 , 2.23, 'john', 70.2 )
tinytuple = (123, 'john')
print tuple                    # 输出完整元组
print tuple[0]                 # 输出元组的第一个元素
print tuple[1:3]               # 输出第二个至第四个（不包含）的元素
print tuple[2:]                # 输出从第三个开始至列表末尾的所有元素
print tinytuple * 2            # 输出元组两次
print tuple + tinytuple        # 打印组合的元组

tuple[2] = 1000                # 元组中是非法应用
==================================================================
('runoob', 786, 2.23, 'john', 70.2)
runoob
(786, 2.23)
(2.23, 'john', 70.2)
(123, 'john', 123, 'john')
('runoob', 786, 2.23, 'john', 70.2, 123, 'john')
```

5. 字典类型

字典（Dictionary）是除列表外 Python 中最灵活的内置数据结构类型。列表是有序的对象集合，字典是无序的对象集合。

两者之间的区别在于：字典当中的元素是通过键来存取的，而不是通过偏移存取。

字典用“{ }”标识。字典由索引（Key）和它对应的值（Value）组成。示例程序如下：

```
dict = {}
dict['one'] = "This is one"
dict[2] = "This is two"
tinydict = {'name': 'runoob','code':6734, 'dept': 'sales'}

print dict['one']              # 输出键为'one'的值
print dict[2]                  # 输出键为 2 的值
print tinydict                 # 输出完整的字典
print tinydict.keys()          # 输出所有键
print tinydict.values()        # 输出所有值
==================================================================
This is one
This is two
{'dept': 'sales', 'code': 6734, 'name': 'runoob'}
['dept', 'code', 'name']
['sales', 6734, 'runoob']
```

3.2.3　运算符

Python 语言支持以下类型的运算符：算术运算符、比较（关系）运算符、赋值运算符、位运算符、逻辑运算符、成员运算符、身份运算符。

Python 语言支持运算符的优先级。

1. 算术运算符

假设变量：a=10，b=20，示例如表 3-2 所示。

表 3-2　算术运算符

运算符	描　述	示　例
+	加，两个对象相加	a+b 输出结果 30
-	减，得到负数或是一个数减去另一个数	a-b 输出结果-10
*	乘，两个数相乘或是返回一个被重复若干次的字符串	a*b 输出结果 200
/	除，x 除以 y	b/a 输出结果 2
%	取模，返回除法的余数	b % a 输出结果 0
**	幂，返回 x 的 y 次幂	a**b 为 10 的 20 次方，输出结果 100000000000000000000
//	取整除，返回商的整数部分（向下取整）	9//2 输出结果 4 -9//2 输出结果-5

2. 比较运算符

假设变量：a=10，b=20，示例如表 3-3 所示。

表 3-3　比较运算符

运算符	描　述	示　例
==	等于，比较对象是否相等	(a == b)返回 False
!=	不等于，比较两个对象是否不相等	(a != b)返回 True
<>	不等于，比较两个对象是否不相等。Python3 已废弃	(a <> b)返回 True。这个运算符类似!=
>	大于，返回 x 是否大于 y	(a > b)返回 False
<	小于，返回 x 是否小于 y。所有比较运算符返回 1 表示真，返回 0 表示假。这分别与特殊的变量 True 和 False 等价	(a < b)返回 True
>=	大于等于，返回 x 是否大于等于 y	(a >= b)返回 False
<=	小于等于，返回 x 是否小于等于 y	(a <= b)返回 True

3. 赋值运算符

假设变量：a=10，b=20 比较，示例如表 3-4 所示。

表 3-4　赋值运算符

运算符	描　述	示　例
=	简单的赋值运算符	c=a+b 将 a+b 的运算结果赋值为 c
+=	加法赋值运算符	c+=a 等效于 c=c+a

续表

运算符	描　述	示　例
-=	减法赋值运算符	c -= a 等效于 c = c - a
*=	乘法赋值运算符	c *= a 等效于 c = c * a
/=	除法赋值运算符	c /= a 等效于 c = c / a
%=	取模赋值运算符	c %= a 等效于 c = c % a
**=	幂赋值运算符	c **= a 等效于 c = c ** a
//=	取整除赋值运算符	c //= a 等效于 c = c // a

4. 位运算符

假设变量：a=63(00111100)，b=13(00001101)，示例如表 3-5 所示。

表 3-5　位运算符

运算符	描　述	示　例
&	按位与运算符，参与运算的两个值，如果两个相应位都为 1，则该位的结果为 1，否则为 0	(a & b)输出结果 12。二进制形式：0000 1100
|	按位或运算符，只要对应的两个二进位有一个为 1 时，结果位就为 1	(a | b)输出结果 61。二进制形式：0011 1101
^	按位异或运算符，当两对应的二进位相异时，结果为 1	(a ^ b)输出结果 49。二进制形式：0011 0001
~	按位取反运算符，对数据的每个二进制位取反，即把 1 变为 0，把 0 变为 1。~x 类似于 -x-1	(~a)输出结果-61。二进制形式：1100 0011。类似于一个有符号二进制数的补码形式
<<	左移运算符，运算数的各二进位全部左移若干位，由≪右边的数字指定了移动的位数，高位丢弃，低位补 0	a≪2 输出结果 240。二进制形式：1111 0000
>>	右移运算符，把“≫”左边的运算数的各二进位全部右移若干位，≫右边的数字指定了移动的位数	a≫2 输出结果 15。二进制形式：0000 1111

5. 逻辑运算符

假设变量：a=10，b=20，示例如表 3-6 所示。

表 3-6　逻辑运算符

运算符	逻辑表达式	描　述	示　例
and	x and y	布尔“与”。如果 x 为 False，x and y 返回 False，否则它返回 y 的计算值	(a and b)返回 20
or	x or y	布尔“或”。如果 x 是非 0，它返回 x 的值，否则它返回 y 的计算值	(a or b)返回 10
not	not x	布尔“非”。如果 x 为 True，返回 False。如果 x 为 False，它返回 True	not(a and b)返回 False

6. 成员运算符

成员运算符示例如表 3-7 所示。

表 3-7　成员运算符

运算符	描　述	示　例
in	如果在指定的序列中找到值返回 True，否则返回 False	x 在 y 序列中，如果 x 在 y 序列中返回 True
not in	如果在指定的序列中没有找到值返回 True，否则返回 False	x 不在 y 序列中，如果 x 不在 y 序列中返回 True

7. 身份运算符

身份运算符示例如表 3-8 所示。

表 3-8　身份运算符

运算符	描　　述	示　　例
is	is 是判断两个标识符是否引用自一个对象	x is y，类似 id(x) == id(y)，如果引用的是同一个对象则返回 True，否则返回 False
is not	is not 是判断两个标识符是否引用自不同对象	x is not y，类似 id(a) != id(b)。如果引用的不是同一个对象则返回结果 True，否则返回 False

Python 运算符从高到低优先级的顺序如表 3-9 所示。

表 3-9　Python 运算符从高到低优先级的顺序

运算符	描　　述
**	指数运算符（最高优先级）
~ + -	按位取反、正号和负号（最后两个的方法名为 +@ 和 -@）运算符
* / % //	乘、除、取模和取整除运算符
+ -	加、减运算符
>> <<	右移、左移运算符
&	位与运算符
^ |	位或、异或运算符
<= < > >=	比较运算符
== != <>	等于、不等于运算符
= %= /= //= -= += *= **=	赋值运算符
is is not	身份运算符
in not in	成员运算符
not and or	逻辑运算符

3.2.4　条件语句

条件语句示例程序如下：

```
if 判断条件:
    执行语句
else:
执行语句
========================================
name = 'luren'
if name == 'python':    # 判断变量是否为 python
print 'welcome boss'    # 并输出欢迎信息
else:
print name              # 条件不成立时输出变量名称
```

多重条件判断语句：

```
if 判断条件 1:
    执行语句 1
elif 判断条件 2:
    执行语句 2
elif 判断条件 3:
    执行语句 3
else:
    执行语句 4
```

3.2.5 循环语句

Python 提供了 for 循环和 while 循环（在 Python 中没有 do…while 循环）。

1. while 循环

示例程序如下：

```
while 判断条件(condition):
执行语句(statements)
==================================================================
count = 0
while (count < 9):
print 'The count is:', count
count = count + 1
print "Good bye!"
else:            #while … else 在循环条件为 false 时执行 else 语句块
print count
```

2. for 循环

for 循环可以遍历任何序列的项目，如一个列表或一个字符串。示例程序如下：

```
for iterating_var in sequence:
  statements(s)
==================================================================
for letter in 'Python': # 第一个实例
print '当前字母 :', letter

fruits = ['banana', 'apple', 'mango']
for fruit in fruits: # 第二个实例
print '当前水果 :', fruit

fruits = ['banana', 'apple', 'mango']
for index in range(len(fruits)):
print '当前水果 :', fruits[index]

print "Good bye!"
```

3. 循环嵌套

Python 语言允许在一个循环体里嵌入另一个循环。Python for 循环嵌套语法如下：

```
for iterating_var in sequence:
    for iterating_var in sequence:
        statements(s)
    statements(s)
Python while 循环嵌套语法:
  while expression:
      while expression:
          statement(s)
      statement(s)
循环控制
```

4. break 语句

break 语句用来终止循环语句，即循环条件没有 False 条件或序列还没被完全递归完，也会停止执行循环语句。break 语句用在 while 和 for 循环中。示例程序如下：

```
#!/usr/bin/python
# -*- coding: UTF-8 -*-
for letter in 'Python':      # 第一个实例
if letter == 'h':
    break
print '当前字母 :', letter

var = 10                     # 第二个实例
while var > 0:
print '当前变量值 :', var
var = var -1
if var == 5:                 # 当变量 var 等于 5 时退出循环
    break
print "Good bye!"
```

5. continue 语句

continue 语句跳出本次循环，而 break 跳出整个循环。

continue 语句用来告诉 Python 跳过当前循环的剩余语句，然后继续进行下一轮循环。continue 语句用在 while 和 for 循环中。示例程序如下：

```
#!/usr/bin/python
# -*- coding: UTF-8 -*-
for letter in 'Python':      # 第一个实例
if letter == 'h':
    continue
print '当前字母 :', letter

var = 10                     # 第二个实例
while var > 0:
var = var -1
if var == 5:
    continue
print '当前变量值 :', var
```

```
    print "Good bye!"
```

6. pass 语句

pass 是空语句，是为保持程序结构的完整性设立的。pass 不做任何事情，一般用作占位语句。

本章总结

SQL（Structured Query Language）和 Python 是两种在数据处理和分析中广泛使用的语言。SQL 用于管理和查询关系数据库；而 Python 是一种通用编程语言，常用于数据清洗、预处理、分析和可视化等任务。两种语言语法都比较简单，都易于学习。SQL 的执行速度快，特别适合处理大量数据，与数据库紧密集成，可以直接访问和操作数据。Python 有强大的第三方库和框架支持，可以快速开发应用程序，适用于多个领域，包括数据分析、机器学习、Web 开发等。在后续的算法开发实训中，将主要使用这两种语言作为开发语言。

习题 3

1．简述 SQL 中的插入数据操作语句。

2．查询字段非空的写法有哪些？

3．对表 tables 的字段 sname 进行模糊查询，查询出姓“张”的数据的写法？

4．对表 tables 的字段 sname 进行模糊查询，查询出姓“张”，名字是三个字的数据的写法？

5．列举去重查询的两种 SQL 写法，表名 tablename，对字段 sname 进行去重查询。

6．查询工资总和大于 9 000 元的部门编号及工资和，工资信息表表名 emp，部门编号字段为 deptno，工资信息字段 sal。

7．两个表关联产生笛卡儿积时，关联后的数据量跟两个表是什么关系？

8．写出三种内连接的 SQL 语句，实现表名 t1、t2 的内连接。

9．SQL 语言主要分为哪几种？

10．列举 Python 的几个标准数据类型。

11．Python 支持多少种数字类型？列举出来。

12．字典和列表是 Python 中最灵活的两种内置数据结构类型，它们之间的区别是什么？

13．Python 中的循环语句有哪些？举例说明。

14．循环中 break 和 continue 语句均可停止循环，它们之间的区别是什么？

15．Python 位运算符代表和运算、或运算的符号是什么？

16．用 Python 语言写一个判断语句，判断当变量 a 等于 0，且当变量 b 等于 1 或变量 c 不等于 2 时，打印输出变量 d。

17．用 Python 语言写一个 for 循环语句，初始值 i=0，循环当量 i=100 时跳出循环。

18．定义一个列表 a，并对 a 逐个增加原始值：1、2、3、4、5、6。

第4章 5G 移动通信

4.1 移动通信的发展

第一代移动通信系统（1G）出现于 20 世纪 80 年代前后，是最早的仅限语音业务的蜂窝电话标准，使用的是模拟通信系统。1978 年，美国贝尔实验室开发了先进移动电话业务（AMPS）系统，这是第一种真正意义上的具有随时随地通信能力的大容量蜂窝移动通信系统。AMPS 采用频率复用技术，可以保证移动终端在整个服务覆盖区域内自动接入公用电话网，具有更大的容量和更好的语音质量，很好地解决了公用移动通信系统所面临的大容量要求与频谱资源限制的矛盾。到 20 世纪 80 年代中期，欧洲和日本也纷纷建立了自己的蜂窝移动通信网络，主要包括英国的 ETACS 系统、北欧的 NMT-450 系统和日本的 NTT/JTACS/NTACS 系统等。

第二代移动通信系统（2G）开始于 20 世纪 80 年代末完成于 20 世纪 90 年代末，1992 年第一个 GSM 网络开始商用。第二代移动通信主要采用数字时分多址（TDMA）技术和码分多址（CDMA）技术，全球主要有 GSM 和 CDMA 两种体制。

第三代移动通信系统（3G）开始于 20 世纪 90 年代末，是支持高速数据传输的蜂窝移动通信技术。第三代数字蜂窝移动通信业务主要特征是可提供移动宽带多媒体业务，其中高速移动环境下支持 144 kbps 的速率，步行和慢速移动环境下支持 384 kbps 的速率，室内环境支持 2 Mbps 的速率数据传输，并保证高可靠服务质量（QoS）。第三代数字蜂窝移动通信业务包括第二代蜂窝移动通信可提供的所有业务类型和移动多媒体业务。3G 采用码分多址技术，形成三大主流技术，包括 WCDMA、CDMA2000 和 TD-SCDMA。WCDMA 是基于 GSM 发展出来的 3G 技术规范，是由欧洲提出的宽带 CDMA 技术；CDMA2000 是由 CDMAIS95 技术发展而来的宽带 CDMA 技术，由美国高通公司为主导提出；TD-SCDMA 是由中国制定的 3G 标准，由中国原邮电部电信科学技术研究院（大唐电信）提出。

第四代移动通信系统（4G）出现于 21 世纪 10 年代，能提供更高的下载速率。4G 使用了 OFDM 调制技术及 MIMO 多天线技术，能充分提高频谱效率和系统容量。根据双工方式

的不同，LTE 系统又分为 FDD-LTE 和 TD-LTE。其最大的区别在于上下行通道分离的双工方式，FDD-LTE 上下行采用频分方式，TD-LTE 则采用时分方式。除此之外，FDD-LTE 和 TD-LTE 采用了基本一致的技术。

第五代移动通信系统（5G）出现于 2016 年，3GPP 在其技术规范组（Technical Specifications Groups，TSG）第 72 次全体会议上就 5G 标准的首个版本——R15 的详细工作计划达成一致。2020 年第 1 季度，Rel-16 版本冻结；2020 年第 2 季度，Rel-16ASN.1 版本发布。2021 年，中国累计建成开通 5G 基站超过 142.5 万个，5G 手机终端连接数达到 5.2 亿户。5G 协议标准规划路线如图 4-1 所示。

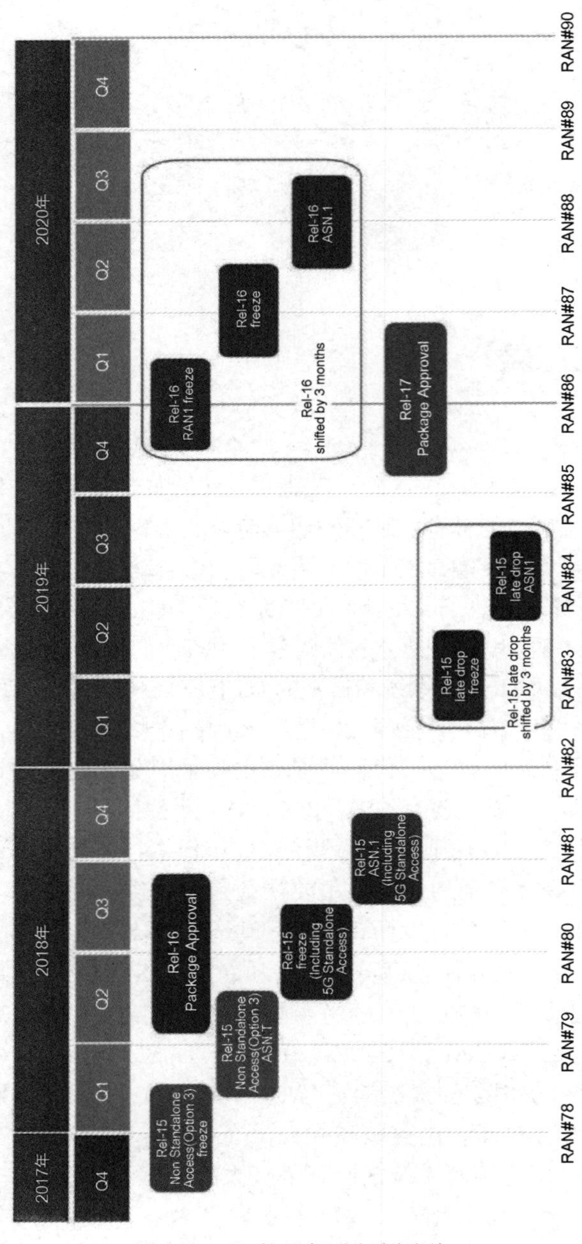

图 4-1　5G 协议标准规划路线

4.2　5G 移动网络性能指标与架构

4.2.1　5G 的主要性能指标

国际电信联盟（ITU）使用 8 个指标维度雷达图来表征 5G 的主要性能指标，如图 4-2 所示。

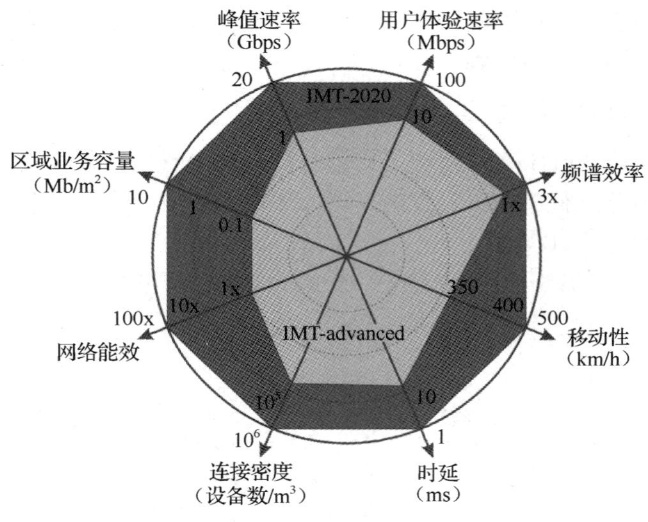

图 4-2　5G 主要性能指标

ITU 也确定了 5G 应具有以下三大主要应用场景：增强型移动宽带 eMBB（enhanced Mobile Broadband）、超高可靠低时延通信 uRLLC（ultra Reliable & Low Latency Communication）和大规模机器类通信 mMTC（massive Machine Type of Communication），增强型移动宽带 eMBB 主要聚焦移动通信；超高可靠低时延通信 uRLLC 用于自动驾驶和远程医疗；大规模机器类通信 mMTC 用于物联网。ITU 对应用场景与典型业务的划分如图 4-3 所示。

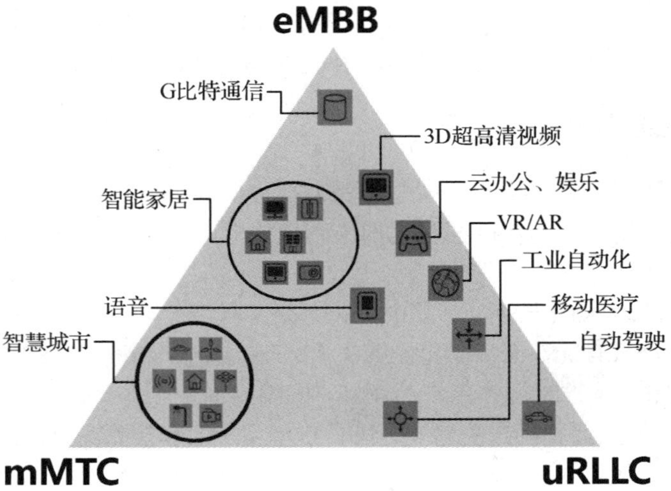

图 4-3　ITU 对应用场景与典型业务的划分

1. 增强型移动宽带（eMBB）

增强型移动宽带（eMBB）是指在现有移动宽带业务场景的基础上，对用户体验等性能的进一步提升，能提供超过 100 Mbps 的用户体验速率。eMBB 可以为无线连接、大规模视频流和虚拟现实提供高带宽互联网接入。

2. 超高可靠低时延通信（uRLLC）

超高可靠低时延通信（uRLLC）可以为 latency0 敏感的联网设备提供多种先进服务，如工厂自动化、自动驾驶、工业互联网、智能电网或机器人手术；要求非常低的时延和极高的可靠性，在时延方面要求空口达到 1 ms 量级，在可靠性方面要求高达 99.999%。

3. 大规模机器类通信（mMTC）

大规模机器类通信（mMTC）指的是支持海量终端的场景，其特点有低功耗、大连接、低成本等。主要应用包括智慧城市、智能家居、环境监测等。因此需要引入新的多址接入技术、优化信令流程和业务流程。

三大应用场景对 5G 网络性能指标的要求也有差异，如图 4-4 所示。

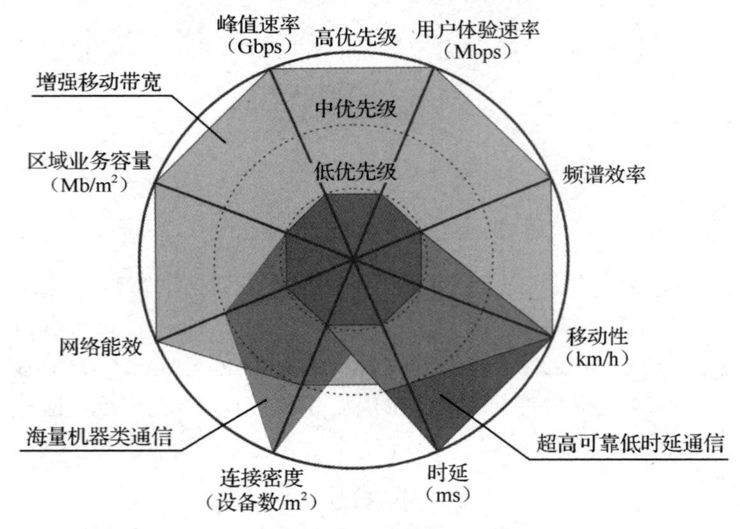

图 4-4　三大应用场景对 5G 网络性能指标的要求

4.2.2　5G 网络架构

为更好地支持典型应用场景下的不同业务需求，5G 网络中无线侧与核心网侧架构均发生了较大的变化。基于用户面与控制面独立的原则，更灵活的网络节点已成为 5G 网络架构中最核心的理念。

5G 系统总体架构如图 4-5 所示。其中，NG-RAN 代表 5G 接入网，5GC 代表 5G 核心网。在 NG-RAN 中，节点只有 gNode（简写为 gNB）和 Next Generation eNodeB（简写为 NG-eNB）。gNB 负责向用户提供 5G 控制面和用户面功能，根据组网选项的不同，还可能包含 NG-eNB，负责向用户提供 4G 控制面和用户面功能。5GC 采用用户面和控制面分离的架构，其中，AMF 具有控制面的接入和移动性管理功能，UPF 具有用户面的转发功能。NG-RAN 和 5GC 通过 NG 接口连接，gNB 和 NG-eNB 通过 Xn 接口相互连接。

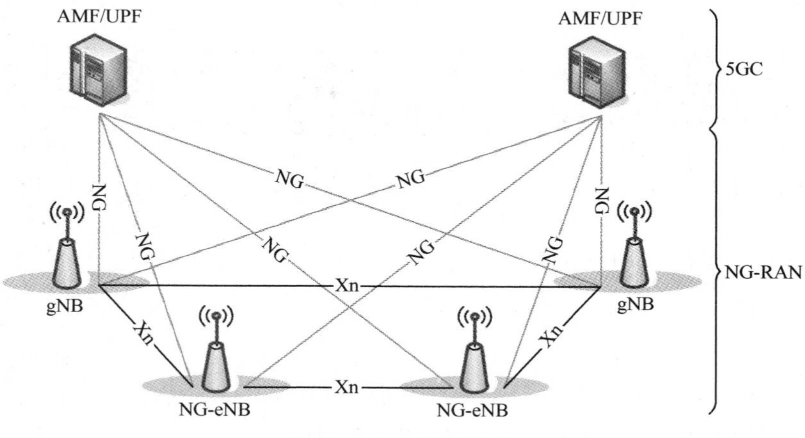

图 4-5　5G 系统架构

4.3　智能网优关键参数提取

4.3.1　4G/5G 互操作参数

4G/5G 互操作参数包含 L2NR 的重选/切换/重定向、NR2L 的重选/切换/重定向、EPS FB/fastreturn。

1. IRAT 空闲态重选

IRAT 空闲态重选表如表 4-1 和表 4-2 所示（EUTRA 的含义为进化的 UMTS 陆地无线接入网络，是通信领域的一个标准）。

表 4-1　IRAT 空闲态重选表（5→4）

参数英文名	中文含义	所在消息	功能含义	对网络质量的影响
5→4 重选参数，NR 侧设置				
cell Reselection Priority	服务小区重选优先级	SIB2→cell Reselection Serving Freq Info	该参数表示服务频点的小区重选优先级，0 表示最低优先级，对应 3GPP TS38.331 协议 SIB2 中的 cell Reselection Priority 信元	值设置越高，绝对优先级就越高，UE 就越优先重选到该频点
cell Reselection SubPriority	NR 服务小区重选子优先级	SIB2→cell Reselection Serving Freq Info	该参数表示服务频点的小区重选子优先级	—
Carrier Freq EUTRA	EUTRA 邻频点	SIB5→Carrier Freq List EUTRA→Carrier Freq EUTRA	该参数表示 EUTRA 邻频点	—
s-NonInra SearchP	异频异系统重选起测门限 RSRP	SIB2→cell Reselection Serving Freq Info	该参数表示异频异系统小区重选测量触发 RSRP 门限。对于重选优先级大于服务频点的异系统，UE 总是启动测量；对于重选优先级小于等于服务频点的异频或重选优先级小于服务频点的异系统，当测量 RSRP 值大于该值时，UE 无须启动异系统测量；当测量 RSRP 值小于或等于该值时，UE 需启动异系统测量	该参数配置得越小，则提高异频异系统小区重选中测量的触发难度；该参数配置得越大，则降低异频异系统小区重选中测量的触发难度

续表

参数英文名	中文含义	所在消息	功能含义	对网络质量的影响
5→4 重选参数，NR 侧设置				
thresh SeringLowP	异频异系统低优先级重选门限 RSRP	SIB2→cell Reselection Serving FreqInfo	该参数表示服务频点向低优先级异频异系统重选时的 RSRP 门限	该参数配置得越小，越难触发到低优先级异频或异系统的小区重选。该参数配置得越大，越容易触发到低优先级异频或异系统的小区重选
q-Hyst	小区重选迟滞	SIB2→cell Reselection Common →speed State Reselection Pars	该参数表示 UE 在小区重选时，服务小区 RSRP 测量值的迟滞值	该参数设置得越小，同频或异频同优先级重选越容易，但乒乓重选的概率增大；该参数设置得越大，同频或异频同优先级重选越难，乒乓重选的概率减小
Treselection EUTRA	重选信号判决时长	SIB5	该参数表示重选 EUTRAN 小区定时器长。在重选 EUTRAN 小区定时器时长内，当服务小区的信号质量和新小区信号质量满足重选门限，且 UE 在当前服务小区驻留超过 1 秒时，UE 才会向 EUTRAN 小区发起重选	该参数配置得越小，UE 在本小区就越容易发起重选，但是增大了乒乓重选的概率；该参数配置得越大，UE 在本小区越难发起重选，但是减小了乒乓重选的概率
thresh X-High	EUTRAN 频点高优先级重选 RSRP 门限	SIB5→Carrier Freq EUTRA	该参数表示异系统 EUTRAN 频点高优先级重选的 RSRP 门限值，在目标频点的小区重选优先级比服务小区的小区重选优先级要高时，作为 UE 从服务小区重选至目标频点下小区的接入电平门限	该参数设置得越小，触发 UE 对高优先级小区重选的难度越小；该参数设置得越大，触发 UE 对高优先级小区重选的难度越大
thresh X-low	EUTRAN 频点低优先级重选 RSRP 门限	SIB5→Carrier Freq EUTRA	该参数表示异系统 EUTRAN 频点低优先级重选的 RSRP 门限值，在目标频点的绝对优先级低于服务小区的绝对优先级时，作为 UE 从服务小区重选至目标频点下的小区的接入电平门限	该参数设置得越小，触发 UE 对低优先级小区重选的难度越小；该参数设置得越大，触发 UE 对低优先级小区重选的难度越大
q-RxlevMin	EUTRA 最小接入电平	SIB5→Carrier Freq EUTRA	该参数表示异系统 EUTRAN 小区最低接入 RSRP 电平，应用于小区选择准则（S 准则）的判决	该参数设置得越小，触发 UE 重选的难度越小；该参数设置得越大，触发 UE 重选的难度越大

表 4-2　IRAT 空闲态重选表（4→5）

参数英文名	中文含义	所在消息	功能含义	对网络质量的影响
4→5 重选参数，NR 侧设置				
cell Reselection Priority	小区重选优先级	System Information Block Type3→cell Reselection Serving FreqInfo	该参数表示服务频点的小区重选优先级，0 表示最低优先级，7 表示最高优先级	—
Carrier FreqNR-r15	NR 邻频点	System Information BlockType24-r15	该参数表示该异系统 NR 邻区的 SSB 下行频点	—

续表

参数英文名	中文含义	所在消息	功能含义	对网络质量的影响
4→5 重选参数，NR 侧设置				
Periodicity And Offset-r15	SSB 测量周期	System Information BlockType24-r15→Carrier FreqNR-r15→MTC-SSB-NR-r15	该参数用于配置 NR 小区的 SSB 周期	—
ssb-Duration-r15	SSB 测量时间窗	System Information BlockType24-r15→Carrier FreqNR-r15→MTC-SSB-NR-r15	该参数表示 UE 测量 NR 小区的 SSB Burst Set 的持续时间	—
Subcarrier SpacingSSB	SSB 子载波间隔	System Information BlockType24-r15→Carrier FreqNR-r15	该参数表示 NR 邻频点的 SSB 子载波间隔	—
cell Resele Ction Priority	NR 频点重选优先级	System Information BlockType24-r15→Carrier FreqNR-r15	NR 频点重选优先级	—
threshX-High-r15	NR 频点高优先级重选 RSRP 门限	System Information BlockType24-r15→Carrier FreqNR-r15	该参数表示异系统 NR 频点高优先级重选的 RSRP 门限值，在目标频点的小区重选优先级比服务小区的小区重选优先级要高时，作为 UE 从服务小区重选至目标频点下小区的接入电平门限	该参数配置得越小，对 NR 的重选信号质量要求越低，越容易发起 L2NR 重选，但 NR 侧远点用户会增多
threshX-low-r15	NR 频点低优先级重选 RSRP 门限	System Information BlockType24-r15→Carrier FreqNR-r15	该参数表示异系统 NR 频点低优先级重选的 RSRP 门限值，在目标频点的绝对优先级低于服务小区的绝对优先级时，作为 UE 从服务小区重选至目标频点下的小区的接入电平门限	该参数配置得越小，对 NR 的重选信号质量要求越低，越容易发起 L2NR 重选，但 NR 侧远点用户会增多
q-RxlevMin-r15	最小接收电平	System Information BlockType24-r15→Carrier FreqNR-r15	该参数表示异系统 NR 小区最低接入 RSRP 电平，应用于小区选择准则（S 准则）的判决	该值建议与 NR 系统内 NR 最低接入电平保持一致，通常不建议修改

2. IRAT 连接态切换/重定向

本节介绍 IRAT 4G/5G 连接态基于覆盖的切换、基于测量的重定向、盲重定向的关键参数设置，具体如表 4-3 所示。

表 4-3　IRAT 连接态切换/重定向（5→4）

参数英文名	中文含义	所在消息	功能含义	对网络质量的影响
5→4 切换/重定向参数，NR 侧设置				
eventId	异系统切换/测量重定向触发事件类型	RRCCReconfiguration→MeasConfig→ReportConfigInterRAT→EventTriggerConfigInterRAT→eventId	该参数表示异系统切换/测量重定向的测量事件类型	—

续表

参数英文名	中文含义	所在消息	功能含义	对网络质量的影响
5→4 切换/重定向参数，NR 侧设置				
b2-Threshold1	切换/测量重定向至 EUTRAN B2RSRP 门限 1	RRCCReconfiguration→MeasConfig→ReportConfigInterRAT→EventTriggerConfigInterRAT→eventId→eventB2	该参数表示异系统切换/测量重定向的 B2 事件的 RSRP 门限 1	—
b2-Threshold2ERAUT	切换/测量重定向至 EUTRAN B2RSRP 门限 1	RRCCReconfiguration→MeasConfig→ReportConfigInterRAT→EventTriggerConfigInterRAT→eventId→eventB2	该参数表示异系统切换/测量重定向的 B2 事件的 RSRP 门限 2	—
hysteresis	切换/测量重定向至 EUTRAN B2 幅度迟滞	RRCCReconfiguration→MeasConfig→ReportConfigInterRAT→EventTriggerConfigInterRAT→eventId→eventB2	该参数表示基于覆盖的切换/测量重定向至 EUTRAN B2 幅度迟滞	—
time ToTrigger	切换/测量重定向至 EUTRAN B2 时间迟滞	RRCC Reconfiguration→MeasConfig→ReportConfigInterRAT→EventTriggerConfigInterRAT→eventId→eventB2	该参数表示基于覆盖的切换/测量重定向至 EUTRAN B2 时间迟滞	—
Carrier FreqNR-r15	NR 邻频点	RRCCReconfiguration→MeasConfig→MeasObjectToAddMod→MeasObjectNR-r15	该参数表示该异系统 NR 邻区的 SSB 下行频点	—
periodicityAndOffset-r15	SSB 测量周期	RRCCReconfiguration→MeasConfig→MeasObjectToAddMod→MeasObjectNR-r15	该参数用于配置 NR 小区的 SSB 周期	—
ssb-Duration-r15	SSB 测量时间窗	RRCCReconfiguration→MeasConfig→MeasObjectToAddMod→MeasObjectNR-r15	该参数表示 UE 测量 NR 小区的 SSB Burst Set 的持续时间	—
subcarrier SpacingSSB	SSB 子载波间隔	RRCCReconfiguration→MeasConfig→MeasObjectToAddMod→MeasObjectNR-r15	该参数表示 NR 邻频点的 SSB 子载波间隔	—
MaxRS-Index cell QualNR-r15	计算小区质量的最低参考信号数	RRCCReconfiguration→MeasConfig→MeasObjectToAddMod→MeasObjectNR-r15	该参数表示 UE 基于波束级 RSRP 计算得到小区级 RSRP 时，允许使用的最大 SSB 波束个数	—

续表

参数英文名	中文含义	所在消息	功能含义	对网络质量的影响
5→4 切换/重定向参数，NR 侧设置				
Threshold ListNR-r15	计算小区质量的参考信号门限值	RRCC Reconfiguration→MeasConfig→MeasObjectToAddMod→MeasObjectNR-r15	该参数表示配置计算小区级 SSB 测量结果时波束级测量结果合并需要满足的门限值。当小区内存在 1 个或多个 SSB 波束的 RSRP 大于该参数的取值时，小区级 RSRP 等于大于该参数取值的 RSRP 线性平均值	—
gap Offset	GAP 周期及偏置	MeasConfig→MeasGapConfig	异系统测量 GAP 周期及 offset 配置	GAP 周期太长，测量时间会变长；GAP 周期太短，则测量导致的性能损失增大

3. EPS FB

EPS fallback 回落参数如表 4-4 所示。

表 4-4 EPS fallback 回落参数（NR 侧）

参数英文名	中文含义	所在消息	功能含义	对网络质量的影响
EPS fallback 回落参数，NR 侧设置				
b1-Threshold EUTRA	EPSFB B1 RSRP 门限	RRCC Reconfiguration→MeasConfig→Report ConfigInterRAT	该参数表示 EPSFB 至 EUTRAN 的 B1 事件的 RSRP 触发门限	该参数设置得越小，EPSFB B1 事件越容易触发
hysteresis	EPSFB B1 幅度迟滞	RRCC Reconfiguration→MeasConfig→Report Config InterRAT	该参数表示 EPSFB 至 EUTRAN 的 B1 事件的幅度迟滞	该参数设置得越小，EPSFB B1 事件上报触发条件和退出上报条件的难度越小
time ToTrigger	EPSFB B1 时间迟滞	RRCCReconfiguration→MeasConfig→ReportConfigInterRAT	该参数表示 EPSFB 至 EUTRAN 的 B1 事件的时间迟滞	该参数设置得越小，EPSFB B1 事件上报触发条件和退出上报条件的难度越小
EUTRA-Q-Offset-Range	连接态频率偏置	RRCCReconfiguration→MeasConfig→MeasObjectEUTRA	该参数表示 NR 小区的 EUTRAN 邻区频点的频率偏置	减小 OFN（邻小区频率偏置），将增加 B1 和 B2 事件触发的难度，延缓切换，影响用户感受
cell Individual Offset	EUTRAN 小区偏移量	RRCCReconfiguration→MeasConfig→MeasObjectEUTRA	该参数表示本地小区与 EUTRAN 邻区之间的小区偏移量	该参数设置得越大，越容易触发 B1/B2 测量报告和切换
b1-ThresholdNR-r15	EUTRAN 切换至 NR B1 事件 RSRP 触发门限	RRC Reconfig→MeasConfig→ReportConfigInterRAT→TriggerType→event→eventId→eventB1-NR-r15	该参数表示基于业务的 EUTRAN 切换至 NR 的 B1 事件的 RSRP 触发门限，如果邻区 RSRP 测量值高于该触发门限，则上报 B1 测量报告	增大该参数将提高对 NR 信号质量的要求，相对越难测量到 NR，减小该参数将降低对 NR 信号质量的要求
hysteresis	NR 切换 B1/B2 事件幅度迟滞	RRCC Reconfiguration→MeasConfig→ReportConfigInterRAT	该参数表示 EURAN 切换到 NR 的 B1/B2 事件幅度迟滞	该参数设置得越大，会增加 B1/B2 事件触发的难度，延缓切换，影响用户感受；该参数设置得越小，会使 B1/B2 事件更容易触发，容易导致误判和乒乓切换

续表

参数英文名	中文含义	所在消息	功能含义	对网络质量的影响
EPS fallback 回落参数，NR 侧设置				
timeToTrigger	NR 切换 B1/B2 事件时间迟滞	RRCC Reconfiguration→MeasConfig→ReportConfigInterRAT	该参数表示 EURAN 切换到NR的B1/B2事件时间迟滞	该参数设置得越大，切换到 NR 小区的难度越大；该参数设置得越小，则切换到 NR 小区的难度越小
offsetFreq-r15	频率偏置	RRCC Reconfiguration→MeasConfig→MeasObjectNR-r15	该参数表示 NR 频点的频率偏置。用于控制 UE 上报 B1 和 B2 测量报告的难易	减小 OFN，将增加 B1 和 B2 事件触发的难度，延缓切换，影响用户感受

4.3.2 NR 随机接入参数

NR 随机接入参数如表 4-5 所示。

表 4-5 NR 随机接入参数

参数英文名	中文含义	所在消息	功能含义	对网络质量的影响
PRACH Format	PRACH 格式	无	指示 Preamble 长格式/短格式	—
PRACH-Configuration Index	PRACH 索引	RACH-Config Generic	指示 PRACH 格式、周期等	该参数对应的 PRACH 周期越大，gNB 支持的接入容量越低，占用的上行资源越少
MSG1-FDM	MSG1 的 FDMgroup 数量	RACH-Config Generic	指示频域 PRACH 资源的个数	—
MSG1-Frequency Start	MSG1 的 FDMgroup 数量	RACH-Config Generic	指示频域 PRACH 所占用的频域资源的起始位置	—
RSRP-Threshold SSB	RA 发起需要的 SSBRSRP 门限	RACH-Config Common	指示 UE 可以选择满足该门限的 SSB 和相关的 PRACH 资源来进行 PRACH 发送或重传，或进行路损估计	—
PRACH-RootSequence Index	PRACH 根序列索引	RACH-Config Common	该字段指示了 PRACH 根序列索引。该参数取值范围取决于选用的 L=839 长序列还是 L=139 短序列	—
Zero Correlation Zone Config	零相关区间配置	RACH-Config Generic	该参数是索引值，对应指示 Ncs 的大小，即用于 ZC 根序列的循环移位值	规划参数与小区接入半径相关。Ncs 配置大，小区覆盖半径大，每小区需要的根序列数量多

4.3.3 寻呼类参数

寻呼类参数如表 4-6 所示。

表 4-6 寻呼类参数

参数英文名	中文含义	所在消息	功能含义	对网络质量的影响
default Paging Cycle	默认寻呼周期	PCCH-Config→default Paging Cycle	指示 PCCH 的默认寻呼周期	该参数配置越大，UE 耗电越小，但寻呼消息的平均延迟越大
n	寻呼周期内 PF 个数	PCCH-Config→nAnd Paging Frame Offset	指示寻呼周期内寻呼帧的个数	该参数配置过小，可能导致无线侧寻呼拥塞；配置过大，可能导致控制信道浪费

续表

参数英文名	中文含义	所在消息	功能含义	对网络质量的影响
pfOffset	寻呼帧偏置	PCCH-Config→nAnd Paging Frame Offset	指示寻呼帧偏置	该参数配置不同，导致寻呼系统帧的时序不同
ns	PF 中 PO 个数	PCCH-Config→ns	指示 PF 中寻呼时机 PO 的个数	该参数配置过小，可能导致无线侧寻呼拥塞；配置过大，可能导致控制信道浪费

4.4　智能网优关键 KPI 提取

4.4.1　接入性指标

5G 接入与 4G 接入的主要区别在于速度、延迟、连接密度、设备连接能力、频谱效率等。从 RRC 协议的组织架构来看，5G（NR）与 4G（LTE）协议非常相似，接入建立信令章节名称几乎相同，仍以 RRC 连接建立、RRC 重新配置、身份验证、加密、承载建立等为关键要素。为方便读者理解，下面对接入性指标的介绍仍以 LTE 的 RRC 建立过程为例。

1. 无线接通率

1）指标定义

$$无线接通率=RRC建立成功率\times ERAB建立成功率\times 100\%$$

该指标反映 UE 成功接入网络的性能，KPI 一般大于 98%，表明处于比较良好的水平。

2）信令流程

接入信令流程如图 4-6 所示。

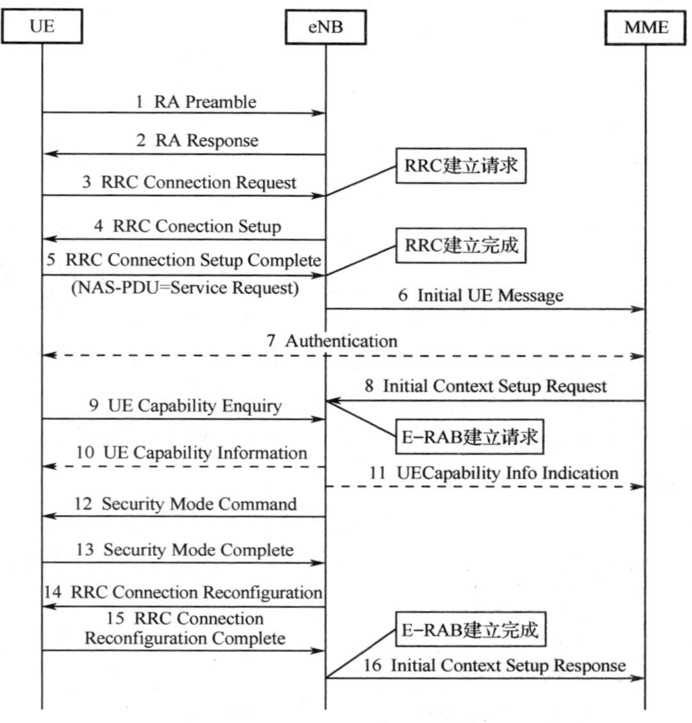

图 4-6　接入信令流程

3）分析思路

该指标由 RRC 连接建立成功率及 E-RAB 建立成功率组合而成，所以要从这两个指标着手分析，以提升无线接通率。

2. RRC 连接建立成功率

1）指标定义

RRC 连接建立成功率=RRC 连接建立成功次数/ RRC 连接建立请求次数×100%

该指标的定义是处于空闲模式（RRC_IDLE）下的 UE 收到非接入层请求建立信令连接时，UE 将发起 RRC 连接建立过程，eNB 在收到 RRC 建立请求之后决定是否建立 RRC 连接。RRC 连接建立成功率用 RRC 连接建立成功次数和 RRC 连接建立请求次数的比来表示。该指标反映小区 UE 的接纳能力，RRC 连接建立成功意味着 UE 与网络建立了信令连接。RRC 连接建立包括如位置更新、系统间小区重选、注册等。

2）信令流程

RRC 建立流程如图 4-7 所示。

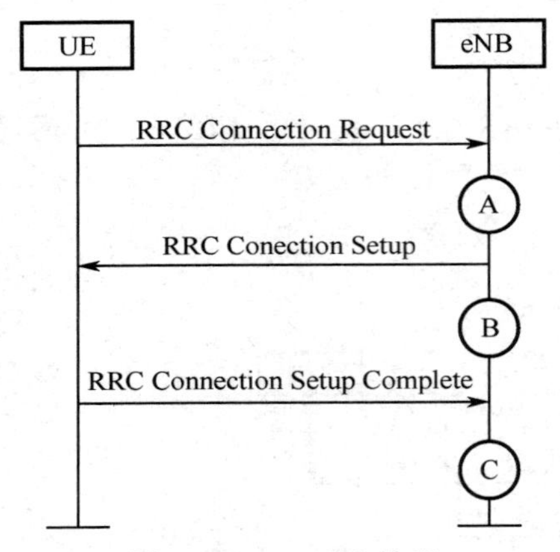

图 4-7　RRC 建立流程

3）影响因素及优化思路

（1）设备故障优化手段：加大对全网设备故障、传输故障告警监控及故障的排查力度。

（2）终端问题优化手段：通过信令采集等手段对比 TOP 终端性能。

（3）空口信号质量优化手段：通过天馈优化、覆盖优化方法提升 RSRP、SINR 等。

（4）网络容量优化手段：调整小区下的最大接入用户数量。

（5）参数设置优化手段：通过优化最小接收电平、小区选择参数、小区重选参数、4-3G 重选参数、邻区核查等手段优化。

（6）网外干扰优化手段：如 CDMA、WCDMA、TDS 等干扰，通过扫频确定干扰，利用提升与 TDL 间离度等手段来避免干扰；政府会议、学校考试等放置干扰器，采取锁小区等手段来降低其对指标的影响。

网内干扰优化手段：核查 PCI，减少因 PCI MOD3、MOD6 干扰导致的 RRC 建立失败。

（7）室内外优化手段。通过路测等手段检查室内分布系统（简称室分）信号泄漏，降低因室分信号泄漏导致的乒乓重选或干扰导致的 RRC 建立失败。

3. E-RAB 建立成功率

1）指标定义

E-RAB 建立成功率=E-RAB 建立成功数/E-RAB 建立请求数×100%

通过 E-RAB 建立过程，网络成功为用户分配用户面连接，使用户可以进行业务应用。

2）信令流程

E-RAB 建立流程如图 4-8 所示。

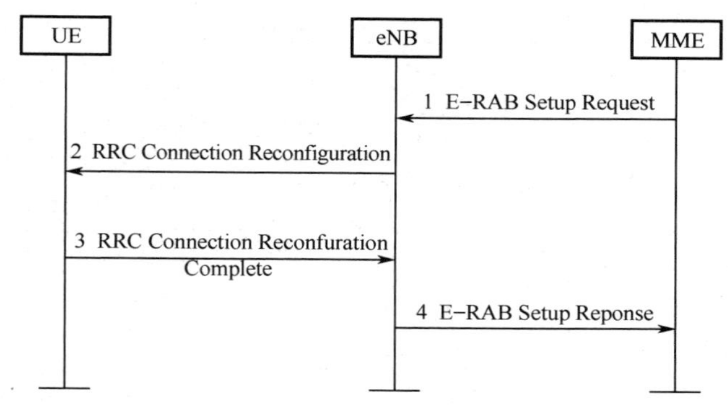

图 4-8　E-RAB 建立流程

3）影响因素及优化思路

（1）设备故障优化手段：加大对全网设备故障、传输故障告警监控及故障的排查力度。

（2）终端问题优化手段：通过信令采集等手段对比 TOP 终端性能。

（3）空口信号质量优化手段：通过天馈优化、覆盖优化方法，提升 RSRP、SINR 等。

（4）参数设置优化手段：通过调整 3G-4G 重定向、4-4G 宏站室分重选参数、4-3G 重选参数、4-3G 重定向参数，核查修改 PCI 等手段优化。

（5）网内网外干扰优化手段：同 RRC 建立成功率优化。

（6）室内外优化手段：同 RRC 建立成功率优化。

4.4.2 切换成功率

切换成功率是衡量移动通信网络性能的一个指标。

1. 指标定义

切换成功率=（S1 切换成功次数+X2 切换成功次数+小区内切换成功次数）/（S1 切换尝试次数+ X2 切换请求次数+小区内切换请求次数）×100%

切换（Handover）是移动通信系统一个非常重要的功能。作为无线链路控制的一种手段，切换能够使用户在穿越不同的小区时保持连续的通话。切换成功率是指所有原因引起的切换成功次数与所有原因引起的切换请求次数的比值。切换的主要目的是保障通话的连续，提高通话质量，减小网内越区干扰，为 UE 用户提供更好的服务。

2. 信令流程

（1）基站内小区间切换信令流程如图 4-9 所示。

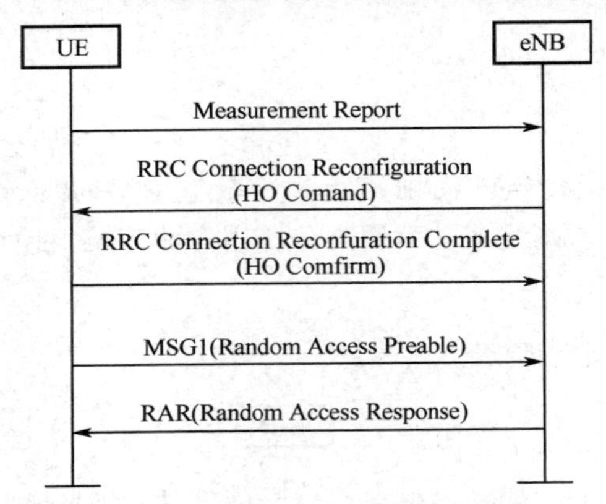

图 4-9　基站内小区间切换信令流程

（2）基站间 X2 切换流程如图 4-10 所示。

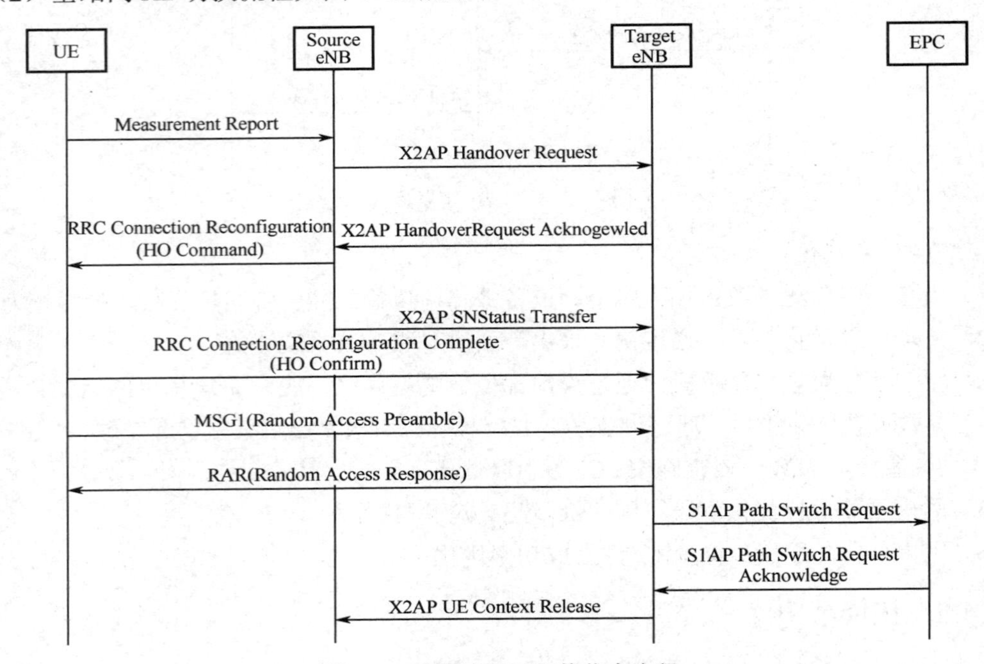

图 4-10　基站间 X2 切换信令流程

（3）基站间 S1 切换流程如图 4-11 所示。

3. 影响因素及优化思路

（1）设备故障优化手段：加大对全网设备故障、传输故障告警监控及故障的排查力度。

（2）终端问题优化手段：通过信令采集等手段对比 TOP 终端性能。

（3）空口信号质量优化手段：通过天线与馈线优化、覆盖优化，提升 RSRP、SINR，梳理切换关系等。

（4）参数核查优化手段：通过优化同频、异频切换测量，切换判决参数、小区下最小接入电平等参数。

（5）邻区优化优化手段：定期核查 X2 告警、冗余邻区，对切换基数较小但失败分子较多的邻区进行增删或禁止切换，核查邻区中是否有同 PCI 邻区等。

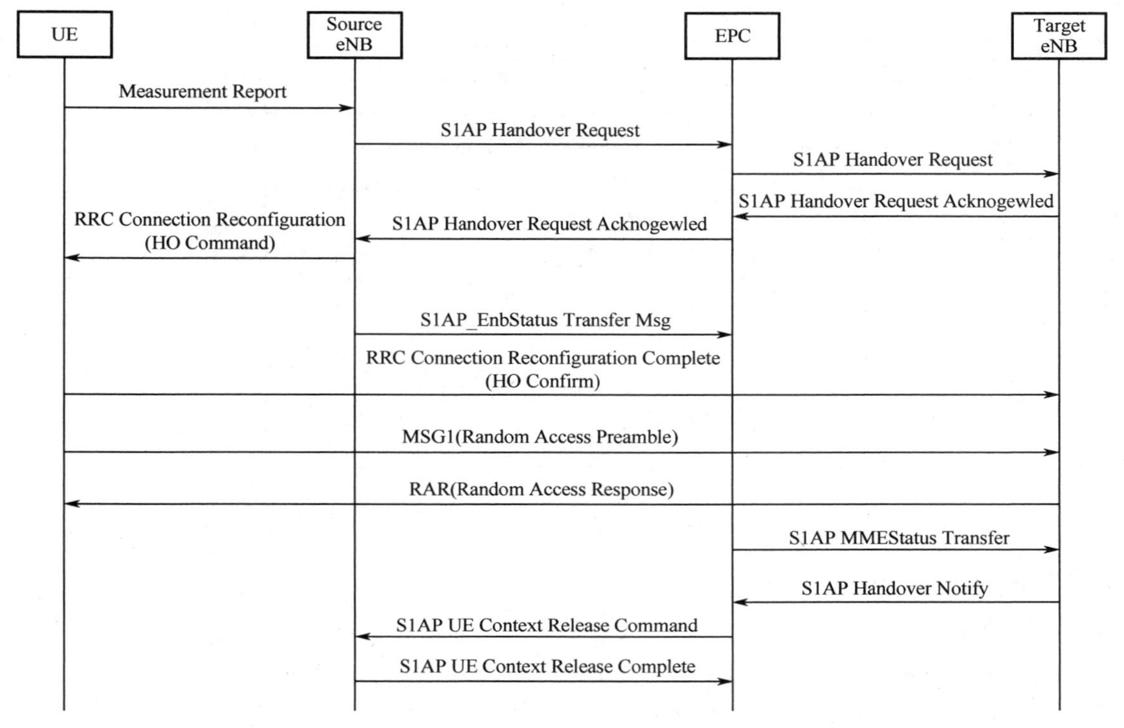

图 4-11　基站间 S1 切换信令流程

（6）CIO、A3、A5 触发定时器、迟滞等参数精细化调整优化手段：根据道路测试、场景对 CIO、A3、A5 事件定时器等参数进行精细化调整。

（7）网内外干扰优化手段，网外干扰：如 CDMA、WCDMA、TDS 等干扰，通过扫频确定干扰，利用提升与 TDL 间离度等手段来避免干扰；政府会议、学校考试等放置干扰器，采取锁小区等手段来降低其对指标的影响。网内干扰：核查 PCI，减少因 PCI MOD3、MOD6 干扰导致的切换失败等。

（8）室内外优化手段：根据室分场景进行室内外切换测量、判决、触发时延等参数的精细化调整。

4.4.3　无线掉线率

无线掉线率是指在 5G 网络中用户接入网络后网络中断的概率。

1. 指标定义

无线掉线率=eNB 异常请求释放上下文数/初始上下文建立成功次数×100%

该指标指示了 UE Context 异常释放的比例。异常请求释放上下文数通过 UE Context Release Request 中包含异常原因的消息个数统计；初始上下文建立成功次数通过包含建立成功信息的 Initial Context Setup Response 消息个数。

2. 信令流程

终端释放信令流程如图 4-12 所示。

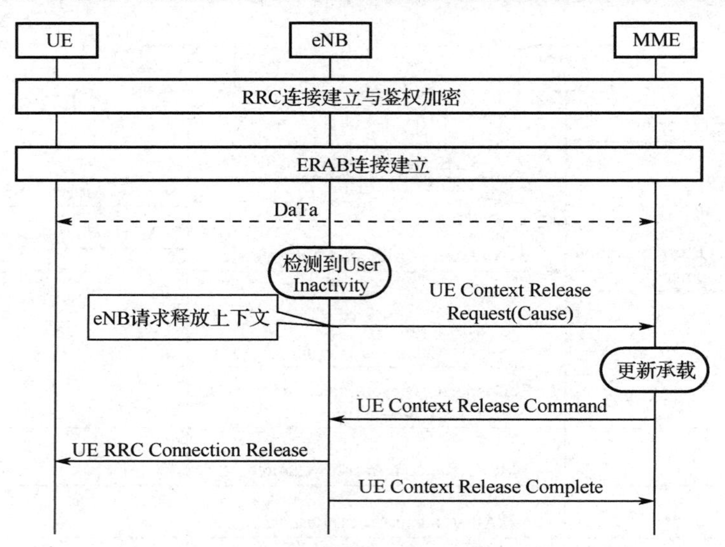

图 4-12　终端释放信令流程

3. 影响因素与优化思路

（1）设备故障优化手段：加大对全网设备故障、传输故障告警监控及故障的排查力度。

（2）终端问题优化手段：通过信令采集等手段对比 TOP 终端性能。

（3）空口信号质量优化手段：通过天馈优化、覆盖优化、提升 RSRP、SINR 等减少因无线环境等因素造成的掉线故障。

（4）拥塞优化手段：通过调整最小接入电平、调整小区下的最大用户数、扩容网络等手段来优化网络拥塞状况。

（5）参数设置优化手段：小区选择、小区重选、UE 定时器等参数优化调整。

（6）MOD3、MOD6 干扰优化手段：核查 PCI，避免 PCI 对打、邻区中有相同 PCI 等。

4.5　移动通信数据源挖掘

4.5.1　DT 数据

通信数据源包含路测（Drive test，DT）数据、测量报告、呼叫详细记录、基站工参、性能数据、DPI 数据、告警数据、投诉数据。

1. 路测

（1）路测通过路测仪器采集电平、质量等网络数据，通过分析这些数据发现网络问题，进而针对问题区域进行网络优化，是无线网络优化的重要组成部分。

（2）路测主要用于获得以下数据：①服务小区信号强度、业务质量；②邻小区的信号强度及信号质量；③接入及移动性相关信令过程（重选、切换、重定向）、成功率、时延等，以及相关小区标识码、区域识别码；④业务建立成功率、掉线/掉话率、业务质量（数据速率、接入时延等）；⑤手机所处地理位置的信息。

（3）路测的作用主要在于网络质量的评估和无线网络的优化：①全网 KPI 指标评估；②检查网络覆盖质量；③定位网络的问题、查找异常事件原因，并做调整效果对比测试；

④对小区设置参数实地进行验证；⑤提升业务质量，保证用户体验。

2. 路测的测试指标

（1）路测的测试指标分为 NR 网络质量和 NR 用户感知两类。

（2）NR 网络质量分为 5 类，分别为覆盖、干扰、电路切换回落（CSFB）、移动性、速率。

（3）网络质量指标不能全面反映用户体验，可能出现网络质量评价好，但用户体验差的情况。

（4）良好的用户感知是电信运营商吸附用户的关键。

（5）路测数据可以统计用户感知类相关指标，真实反映用户体验。

网络质量的评测指标如表 4-7 所示。

表 4-7 网络质量的评测指标

用户感知	评测指标	指标定义
占得上	5G 网络测试覆盖率	核心城区：SS-RSRP≥-88dBm&SS-SINR≥-3 的采样比例
		普通城区：SS-RSRP≥-91dBm&SS-SINR≥-3 的采样比例
	LTE 锚点覆盖率	锚点频点 RSRP≥-110dBm&SINR≥-3 的采样比例
	SgNB 添加成功率	辅站链路成功增加次数/辅站链路尝试增加次数×100%
驻留稳	5G 时长驻留比	占用 NR SCG 总的时长/总的测试时长×100%;
	NR 掉线率	SCG 载波异常释放次数/SCG 载波添加成功次数
	NSA 切换成功率	（辅站站内链路成功变更次数+辅站站间链路成功变更次数）/（辅站站内链路尝试变更次数+辅站站间链路尝试变更次数）×100%
	NSA 切换控制面时延	从 UE 收到 RRC connection reconfiguration 信令开始到 UE 向目标小区发送 RRC Connection Reconfiguration Complete 完成的时间
体验优	用户路测上行平均吞吐率	MAC 层上传总流量/上传总时间 ；记录和统计路测中 UE 的 L2 层上行吞吐量并计算平均吞吐率
	用户路测下行平均吞吐率	MAC 层下载总流量/下载总时间；记录和统计路测中 UE 的 L2 层下行吞吐量并计算平均吞吐率
	用户路测上行低速率占比	MAC 层上传速率小于 2 Mbps 采样占比
	用户路测下行低速率占比	MAC 层下载速率小于 100 Mbps 采样占比
	用户路测上行高速率占比	MAC 层上传速率大于 80 Mbps 采样占比
	用户路测下行高速率占比	MAC 层下载速率大于 800 Mbps 采样占比

3. 路测数据内容

1）GPS、时间信息

GPS 信息：Longitude、Latitude、Altitude、Speed。

时间信息：日期、时、分、秒、毫秒。

2）参数信息

服务小区参数、UE 状态参数、邻区参数。

基本测量参数：RSRP、RSRQ、RS-SINR、TxPower、BLER 等。

业务测量参数：数据速率等。

3）信令消息

RRC 层信令：Attach、RRC 建立、RRC 重配置（ERAB 建立、MR、切换等）。

NAS 消息：服务请求、Disconnect、Connect 等。

系统消息：SIB3、SIB5、SIB7、SIB11 等。

4）事件标签

测试过程记录信息：HTTP 测试开始、测试结束等。

事件记录信息：主页面打开、视频开始播放等。

4. 路测采集方法

路测采集分为车载设备和便携设备两种，如图 4-13 和图 4-14 所示。

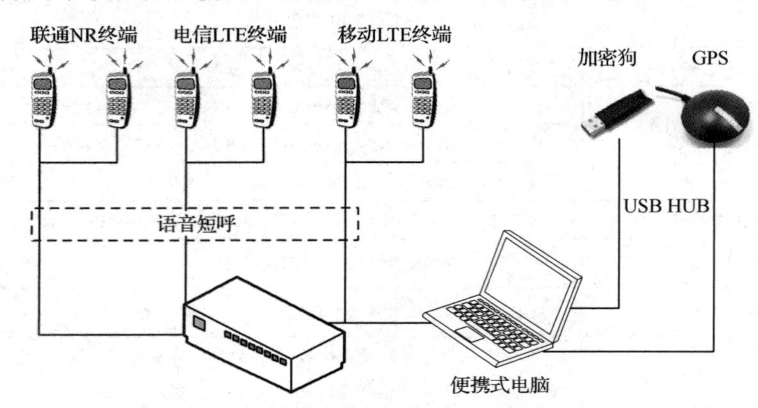

图 4-13　路测采集的车载设备

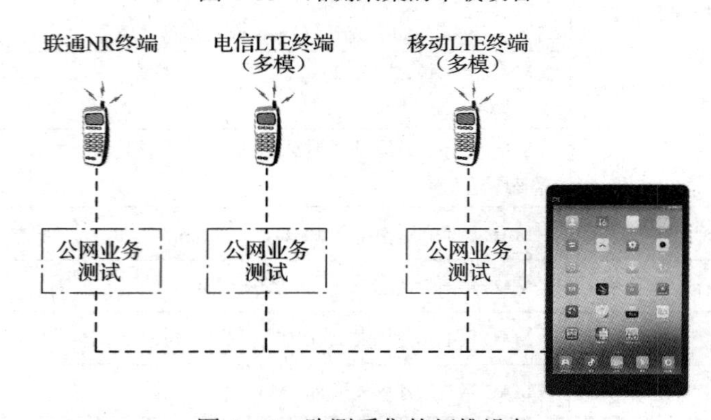

图 4-14　路测采集的便携设备

4.5.2　测量报告

测量报告主要来自 UE 和 eNB 的物理层、RLC 层及在无线资源管理过程中计算产生的测量报告。根据 MR 触发方式的不同，MR 分为周期性触发的 MRO 和事件触发的 MRE。周期触发的测量数据写入 MRO 文件，事件触发的测量数据写入 MRE 文件，统计计算的测量数据写入 MRS 文件。

1. MR 数据采集

MR 任务的下发和配置涉及多个网元及软件，其中硬件包括 EPC、EMS（OMMB）、eNB、

UE，软件包括 Receiver、NDS 等。MR 数据采集组网如图 4-15 所示。

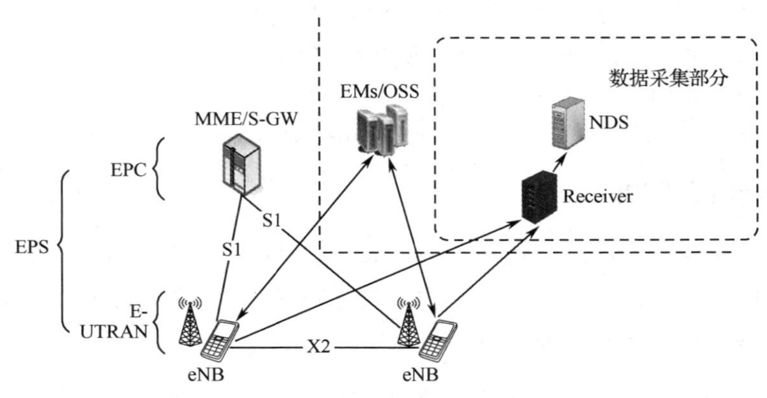

图 4-15　MR 数据采集组网

Receiver（数据采集服务器）：收集 CDT、MR、Trace、MDT 等网络数据；

NDS（数据服务器）：主要提供北向接口（厂家和运营商接入和管理网络的接口），提供符合规范的数据。

2. 数据周期

（1）eNB 或 UE 测量采样周期：表示 eNB 或 UE 对某个测量数据进行测量的周期，该周期可以为 2 048 ms、5 120ms、10 240ms、1 min、6 min、12 min、30 min、60 min、eNB 或 UE 按要求实现。

（2）统计周期：表示生成测量报告统计的周期，该周期一般为 15 min 或 15 min 的整数倍。

（3）上报周期：表示将测量报告统计通过北向接口上报的周期，该周期一般为统计周期的整数倍。

3. MR 的采集项内容

（1）CELL_LOAD：小区负荷信息；

（2）EVENT_NR_MR_INFO/ EVENT_GERAN_MR_INFO/EVENT_UTRAN_MR_INFO：事件性测量信息上报（分别为 nr/GERAN/UTRAN 事件）；

（3）UE_SERVE_CELL_RSRP：服务小区 RSRP 信息上报；

（4）UE_SERVE_CELL_RSRQ：服务小区 RSRQ 信息上报；

（5）UE_RxTx_TIME_DIFF：UE 收发时间差上报；

（6）UE_nr_NEIGH_CELL_MEAS：UE 所在服务小区的系统内邻区测量，包含同频邻区、异频邻区、未定义邻区等；

（7）UE_GERAN_NEIGH_CELL_MEAS：UE 所在服务小区的 GERAN 邻区测量；

（8）UE_UTRAN_NEIGH_CELL_MEAS：UE 所在服务小区的 UTRAN 邻区测量；

（9）CELL_UL_PDCP_PLR：服务小区 PDCP 上行丢包率；

（10）CELL_DL_PDCP_PLR：服务小区 PDCP 下行丢包率；

（11）UE_REAB_TPUT：某个 UE 承载的流量信息；

（12）CELL_RECV_INTER_POWER：上行接收的干扰功率，为一个物理资源块（PRB）带宽上的干扰功率，包括热噪声；

（13）UE_PHR：UE 相对于配置最大发射功率的余量；

（14）UE_AOA：天线到达角，一个用户相对参考方向的估计角度；

（15）UE_UL_SINR：小区所有用户上行信噪比；
（16）UE_UL_DL_BLER：UE 对应 UL 和 DL 的 BLER 统计；
（17）UE_UL_DL_MCS：UE 对应 UL 和 DL 的 MCS 统计；
（18）UE_UL_DL_TM：UE 对应 DL 的 TM 统计；
（19）UE_TIME_ADVANCE：UE 的 Time Advance 信息。

4.5.3 呼叫详细跟踪

呼叫详细跟踪（Call Detail Trace，CDT）是一个事前型的实时跟踪工具，信息记录由用户呼叫触发，通过跟踪采集全面的用户信息，进行网规网优、处理用户投诉、分析故障。

1. CDT 数据相对路测数据的优势

CDT 工具采集设备侧记录手机呼叫过程中详细的数据，包括各种手机信息和内部处理过程的信息，并在呼叫过程结束或掉话时保存记录。CDT 工具采集相对于路测有明显的优势：
（1）原始数据全部来自实际发生的话务，比路测和定点测试分布范围广，数据更准确；
（2）不受地理限制，对复杂地形的测量效果更佳；
（3）可长期、定点、定时进行监控测试；
（4）可在获得数据后立即分析，实时性好；
（5）初始配置和运行费用相对较低。

CDT 工具处理所采集的呼叫记录等数据，用于处理用户投诉，统计小区业务、异常呼叫。其特点是全网采集、事先采集，避免用户投诉时才开始跟踪，而无法获得故障发生时的数据信息。

2. CDT 数据采集

CDT 数据采集组网如图 4-16 所示。

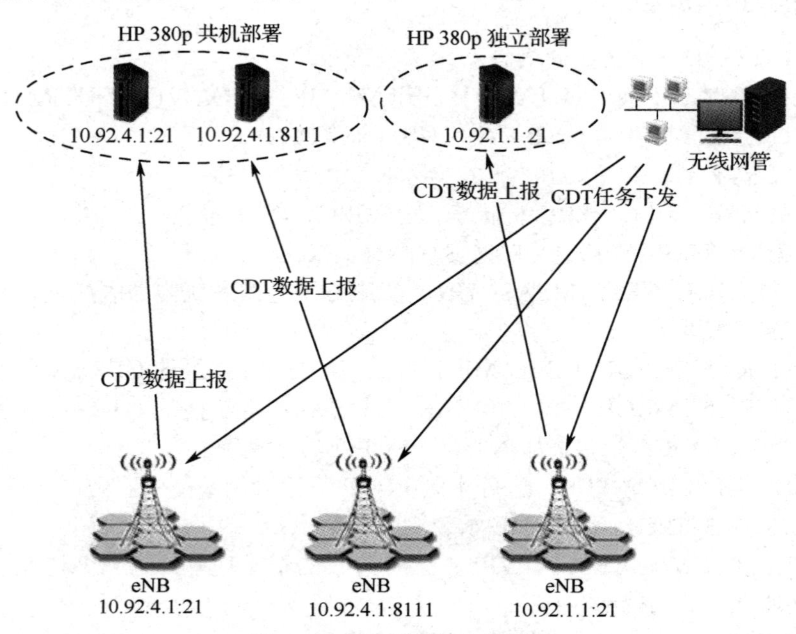

图 4-16　CDT 数据采集组网

3. CDT 数据字段说明

UE In Cell 下所有 UE 测量的 CDT 数据统计如表 4-8 所示。指定 IMSI、GID 测量的 CDT 数据如表 4-9 所示。

表 4-8 UE In Cell 下所有 UE 测量的 CDT 数据统计

含义	适配 BPL 类型	适配制式	操作说明
SETUP_INFO	BPL0/BPL1	FDD/TDD	记录 UE 建立过程中关键信息，用于分析用户的接入状态，以及整个网络中用户接入性能等
RELEASE_INFO	BPL0/BPL1	FDD/TDD	记录 UE 释放掉话率过程中关键信息，用于分析用户的释放掉话率状态，以及整个网络中用户释放掉话率原因等
HANDOVER_INFO	BPL0/BPL1	FDD/TDD	记录 UE 切换过程中关键信息，用于分析用户的切换状态，以及整个网络中用户切换等
EVENT_MR_INFO	BPL0/BPL1	FDD/TDD	记录 UE 测量报告中的关键信息，用于分析用户服务小区及邻区信号质量、移动性相关动作等
PERIOD_FREQ_MR_INFO	BPL0/BPL1	FDD/TDD	记录 NR 小区的周期性测量信息，包括服务小区和 NR 系统内邻区
RLF_INFO	BPL0/BPL1	FDD/TDD	记录 NR 小区内 UE 上报的 RLF（无线链路失败）信息，分析发生 RLF 事件的类型
UE_CAPABILITY_INFO	BPL0/BPL1	FDD/TDD	记录 UE 上报的 EUTRAN 能力信息
ERAB_INFO	BPL0/BPL1	FDD/TDD	记录增加的 ERAB 建立、修改、释放过程中的关键信息，用于分析业务相关内容
CELL_THROUGHPUT_INFO	BPL0	FDD	小区下用户面的流量统计，仅 BPL0 用户面上报
DL_CELL_UE_REL_INFO	BPL0	FDD	下行小区 UE 释放信息统计，仅 FDD BPL0 CMAC 上报
UL_CELL_UE_REL_INFO	BPL0	FDD	上行小区 UE 释放信息统计，仅 FDD BPL0 CMAC 上报
DL_CELL_UE_RA_INFO	BPL0	FDD	下行小区 UE 随机接入信息统计，仅 FDD BPL0 CMAC 上报
UL_CELL_UE_RA_INFO	BPL0	FDD	上行小区 UE 随机接入信息统计，仅 FDD BPL0 CMAC 上报
DL_CELL_UE_MSG3_FAILURE	BPL0	FDD	下行小区 UE 发送 MSG3 失败信息统计，仅 FDD BPL0 CMAC 上报

表 4-9 指定 IMSI、GID 测量的 CDT 数据

含义	适配 BPL 类型	适配制式	操作说明
SETUP_INFO	BPL0/BPL1	FDD/TDD	记录 UE 建立过程中的关键信息，用于分析用户的接入状态，以及整个网络中的用户接入性能等
RELEASE_INFO	BPL0/BPL1	FDD/TDD	记录 UE 释放掉话率过程中的关键信息，用于分析用户的释放掉话率状态，以及整个网络中用户释放掉话率的原因等
HANDOVER_INFO	BPL0/BPL1	FDD/TDD	记录 UE 切换过程中的关键信息，用于分析用户的切换状态，以及整个网络中的用户切换等
EVENT_MR_INFO	BPL0/BPL1	FDD/TDD	记录 UE 测量报告中的关键信息，用于分析用户服务小区及邻区信号质量、移动性相关动作等
ERAB_INFO	BPL0/BPL1	FDD/TDD	记录增加的 ERAB 建立、修改、释放过程中的关键信息，用于分析业务相关内容

4.5.4 基站工程参数

基站天线的各个工程参数（简称工参）：经纬度、海拔高度、挂高、方位角、机械下倾角等都是基站维护、网络优化中的重要参数，天线工程参数异常将导致话务质量下降，带来众多投诉，严重影响用户的 QoE。基站工程参数字段说明如表 4-10 所示。

表 4-10 基站工程参数字段说明

字段名	类型	字段含义
province	string	省
city	string	市
district	string	区
covertype	string	覆盖类型
enodebname	string	基站名称
enodebid	int	基站 ID
enodebtype	string	基站类型
enodeblon	double	基站经度
enodeblat	double	基站纬度
mcc	string	—
mnc	string	—
cellname	string	小区名称
cid	int	该参数表示 EUTRAN 小区的小区标识，该小区标识和 eNB ID 组成 EUTRAN 小区标识，EUTRAN 小区标识加上 PLMN 组成 ECGI。取值范围：0～255
celltype	string	小区类型
celllon	double	小区经度
celllat	double	小区纬度
active	int	是否激活
tac	int	tac
height	double	挂高
azimuth	double	方位角
antenna	string	天线
antennagain	double	天线增益
hbwd	double	水平波瓣角
vbwd	double	垂直波瓣角
mechanicaldowntilt	double	机械下倾角
electricaldowntilt	double	电子下倾角
pci	int	物理小区标识。取值范围：0～503
coverageradius	int	覆盖半径
covercharacter	string	覆盖特性：0 表示室分站，1 表示室外站
pcigroupid	int	PCI 组 ID

续表

字段名	类型	字段含义
eutraband	int	频段
dlband	double	下行频点
dlfrequency	double	下行频率
ulband	double	上行频点
ulfrequency	double	上行频率
maxpower	double	最大功率
celltransmitpower	double	小区传输功率
vendor	string	厂家
areatype	string	覆盖区域类型：0—非城市；1—现业城区；2—县城；3—郊区；4—农村
coverroadtype	string	覆盖道路类型：0—无；1—市区；2—县城；3—高铁；4—高速；5—铁路；6—地铁；7—航道；8—国道；9—省道；10—县道

4.5.5　性能数据

1. 数据周期

按照时间统计粒度分为 15 分钟粒度、60 分钟粒度、24 小时粒度、周粒度、月粒度。

2. 关键指标

1）保持性指标

保持性指标主要包括 ERAB 掉话率、RRC 掉话率、切换时掉话。

2）接入类指标

接入类指标包括 RRC 连接建立成功率、E-RAB 指派成功率、无线接通率等。

3）移动性指标

移动性指标主要包括频内切换成功率、频间切换成功率、异系统硬切换成功率（NR→4G 切换成功率）等。

4）资源类指标

资源类指标主要包括下行控制信道受限、CPU 受限、业务信道受限、能承载的用户数、传输受限等。

5）系统容量类指标

系统容量类指标主要包括小区级、PS 吞吐量等。

4.5.6　DPI 数据

DPI 深度包检测技术是一种基于应用层的流量检测和控制技术。当 IP 数据包、TCP 或 UDP 数据流通过基于 DPI 技术的带宽管理系统时，该系统通过深入读取 IP 包载荷的内容对 OSI 七层协议中的应用层信息进行重组，从而得到整个应用程序的内容，然后按照系统定义的管理策略对流量进行整形操作。

DPI 系统主要将二进制的网络传输数据解析成一条条可视的报文，再对海量的报文进行

一层层的特征分析，最终利用软件的形态可视化地呈现给运营商网络管理和运营服务单位，来帮助运营商进行更精细化的网络流量管理及其他相关业务的管理。

1. DPI 数据采集

DPI 数据采集组网如图 4-17 所示。

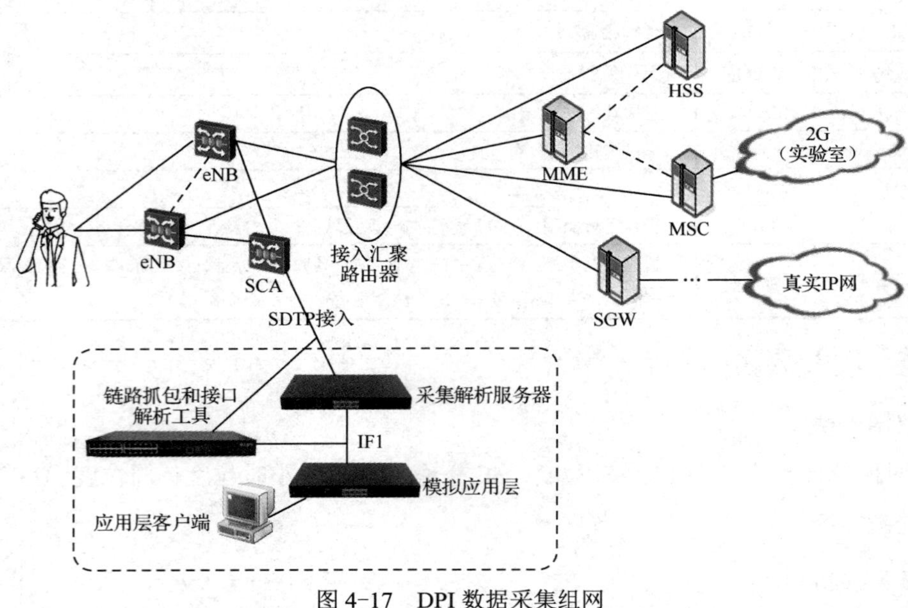

图 4-17　DPI 数据采集组网

2. DPI 主要功能

1）业务识别

业务识别是 DPI 最基本、最重要的功能，即能够在网络流量中准确辨别出所承载的业务类型。业务识别主要分为对运营商开通的合法业务和运营商需要进行监管的业务进行识别。第一类业务可以通过五元组进行识别，此类业务 IP 地址和端口固定。第二种需要通过 DPI 技术进行深度检测，通过解析数据包来确定业务具体内容和信息。

2）业务控制

通过深度包检测将业务识别出来后，可以根据既定的策略对网络进行配置，从而对业务流实现控制，主要包括转发流向、限制带宽、阻断、整形、丢弃等。

3）业务统计

深度包检测技术的业务统计功能是基于识别结果的，对一定时间内的流量行为进行统计，如流量流向、业务占比、访问网站 TOPN 等。

统计应用类型的使用必须调整该业务的服务优先级，统计用户正在使用哪种业务进行视频播放、即时通信、购物支付及游戏娱乐，也可以统计出消耗网络带宽的非法 P2P、VOIP 业务等。

4.5.7　告警数据

告警数据包括小区、基站、板卡、机房、传输链路等网元的实时告警。

1. 数据周期

告警数据实时上报，指提供实时的全量的告警上报消息。

2. 告警码详细说明

告警码详细说明如表 4-11 所示。

表 4-11　告警码详细说明

4G 告警码	2G 告警码
基带单元处于初始化状态（198097050）	单板处于初始化状态（198092348）
GNSS 天馈链路故障（198096836）	基带单元处于初始化状态（198097050）
RRU 链路中断（198097605）	中继电路异常（198000520）
NR 小区退出服务（198094832）	偶联通路中断（198066026）
设备掉电（198092295）	光口接收链路故障（198098319）
小区关断告警（198094858）	天馈驻波比异常（198098465）
内部故障（198098467）	PA 去使能（198098440）
单板处于初始化状态（198092348）	温度异常（198098466）
没有可用的空口时钟源（198092217）	同步丢失（198092215）
网元断链告警（198099803）	E1/T1 链路中断（198097109）
基站退出服务（198094833）	小区中断告警（198087342）
用户登录密码输入错误（1050）	站点 ABIS 控制链路中断（198087337）
单板通信链路中断（198097060）	网元链路中断告警（198099803）
用户被锁定（1000）	交流停电告警（198092207）
天线校正失败（198094848）	PPP 链路中断（198066029）
GNSS 接收机搜星故障（198096837）	性能门限越界（1513）
S1 用户面路径不可用（198094863）	HDLC 链路中断（198092232）
S1 断链告警（198094830）	PPP 链路中断（198092231）
输入电压异常（198092053）	E1/T1 链路误码率高（198092013）
光口接收链路故障（198098319）	RRU 链路中断（198097605）
RRU 光纤时延超限（198100276）	温度传感器异常（198092071）
RRU 未配置（198096551）	FCE 风扇故障（198092069）
性能数据入库延迟（15010001）	输入电压异常（198092053）
进风口温度异常（198092042）	CPU 负荷冲高 FUC 控制方式告警（198087345）
天馈驻波比异常（198098465）	单板 CPU 过载（198002560）
交流停电告警（198092207）	SNTP 对时失败（198092014）
单板不在位（198092072）	线路时钟源异常（198096832）
版本包故障（198097567）	蓄电池告警（198092206）
软件运行异常（198097604）	SCTP 偶联通路中断（198092230）
温度异常（198097061）	设备掉电（198092295）
GNSS 接收机故障（198096835）	光模块不可用（198098318）

续表

4G 告警码	2G 告警码
基带处理单元芯片故障（198093303）	进风口温度异常（198092042）
RRU 功率检测异常（198098472）	网元不支持配置的参数（198097510）
光模块不可用（198098318）	设备门禁告警（198092044）
PB 链路中断（198097606）	用户登录密码输入错误（1050）
以太网物理连接中断（198098252）	载波下行链路数据异常（198098471）
SNTP 对时失败（198092014）	整流模块告警（198092208）
同步丢失（198092215）	热电制冷告警（198092209）
单板未配置（198092203）	空调故障（198092048）
温度传感器异常（198092071）	时钟基准源丢失三级告警（198026127）
风扇故障（198098111）	时钟板锁相环工作模式异常（198005405）
CPU 过载告警（198092391）	以太网物理连接中断（198098252）
超级小区 CP 退出服务（198094835）	主备单板通信链路中断（198005122）
网元不支持配置的参数（198097510）	外部扩展设备故障（198098468）

4.5.8 投诉数据

用户向电信运营商投诉，由接线员记录而产生的投诉工单。

1. 数据周期

投诉数据是事件性的，只有投诉事件发生才会有投诉数据。

2. 字段说明

投诉字段说明如表 4-12 所示。

表 4-12 投诉字段说明

字段名	类型	描述
JOB_NUMBER	VARCHAR2	投诉工单号
msisdn	string	投诉用户手机号码（非联系号码）
area_id	十进制整型	区域 ID
region_id	十进制整型	大区 ID
usercomplainttime	string	用户投诉受理时间（运营商提供），格式为"yyyy-mm-dd hh:mm:sss"
COMPLAINTS_TYPE	VARCHAR2	投诉类型（1.语音 2.上网）

任务 2 搭建通信大数据平台

前面介绍了如何安装大数据平台，通过学习本任务可以掌握平台的安装方法，可以更好地理解平台，服务于应用开发。

1. 任务目的

掌握通信大数据平台的安装方法，熟悉大数据平台的组件，对整个平台有个整体的认识，为后续的实操做好准备。

2. 设备材料

（1）笔记本电脑或台式计算机；
（2）可以连到服务端的网络。

3. 任务工作过程

（1）打开大数据平台安装包，双击安装；
（2）安装成功后，登录服务端，确认大数据各模块服务状态，检查工作是否正常；
（3）针对可能的异常进行登记和简单的排障；
（4）问题解决后，可以登录；
（5）在客户端进行简单的操作，确认与服务端通信正常。

4. 任务报告

（1）记录安装过程和出现的问题；
（2）记录问题解决过程。

任务3　通信大数据平台的日常操作

1. 任务目的

这里介绍如何使用任务监控运维平台对大数据集群的任务进行系统监控和维护操作。用户结合任务运行情况，通过学习本任务可以掌握任务监控运维技能，可以更好地维护任务，服务于应用开发。

2. 设备材料

通信大数据平台。

3. 任务工作过程

（1）进入监控作业界面，该界面包含任务列表、控制项目、监控开发者、监控服务器。

（2）点击任务列表（该页面默认显示），右侧呈现出用户所有上线的算法列表（包含算法名称、状态、用时、项目名称、所在目录、用户名称，各项数据的前面有复选框，还可根据字段进行筛选），右上角有重新运行、下载日志操作、支持批量勾选操作。

（3）点击控制项目，该权限只有管理员账户可以呈现和使用，右侧呈现出5个功能按钮：一键初始化、一键备份、一键删除、一键还原、一键授权。

① 一键初始化：点击后，弹出确认提示，确认后，服务器所有项目、表、数据、算法、用户（除管理员账号外）等全部删除，服务器进入安装后的最初状态。该过程耗时较长，先进行项目、表、数据、算法、用户登录情况检查，当存在用户登录、算法执行中时，提示信息，并停止初始化操作；只有环境就绪，才可开始初始化，该过程执行后，平台页面将会限制登录，页面不可进行操作，需等待初始化结束，才可以操作。

② 一键备份：点击后，检查所有用户是否存在登录情况，若存在，则提示有用户登录，

并停止备份，当无用户登录时，即可备份所有的项目和用户信息，备份后存放在对应日期路径的文件夹中。

③ 一键删除：支持删除单个项目、多个项目，当项目处于被编辑或登录状态时，不可进行，会提示该项目正在编辑状态。

④ 一键还原：支持备份后的项目和用户信息的一键还原，点击时弹出要还原的是项目还是用户信息，确定后可选择还原哪一天的备份数据。还原会备份/删除当前日期的项目和用户，也会验证是否有用户登录，存在用户登录时，提示并停止还原。

⑤ 一键授权：点击后，出现项目目录，可单个也可批量进行项目的授权操作，授权后，项目可公开给其他用户只查看或编辑使用等权限。

（4）点击监控开发者，该权限只有管理员账户可以呈现和使用，右侧呈现出 2 个功能按钮：账号管理、任务管理。

① 账号管理：支持用户名单导入/导出，用户修改密码，新增删除用户等操作。

② 任务管理：操作停止所有执行中的任务，下线所有上线的任务，删除所有线下任务。

（5）点击监控服务器，该权限只有管理员账户可以呈现和使用，右侧呈现出 4 个功能按钮：一键紧急修复、服务自启动、监控资源、一键下电。

① 一键紧急修复：当出现用户执行任务异常，平台异常等常见问题时，点击后，平台自动检查问题和进行修复，若不是平台问题则不进行修复。

② 服务自启动：该功能为开关按钮，打开后，后台服务将加入开机自启动程序中。

③ 监控资源：点击后弹出服务器目前的 CPU、内存、磁盘使用率情况的动态窗口。

④ 一键下电：上机完成后需要断电时，点击该功能按钮，则后台将自动执行停止服务，停止服务后关闭服务器的命令，自动关闭服务器。

4．任务报告

（1）输出任务监控运维平台的四大功能模块名称和主要功能；

（2）大功能模块的主要操作结果截图。

本章总结

本章主要介绍了 5G 移动通信的一些理论基础、关键性参数和 KPI 指标，并介绍了一些通信数据挖掘分析相关的技术手段和方法。在通信数据挖掘分析的过程中，分析工具的选择尤为关键，传统的大数据分析平台不具备对移动网络优化分析这种基于位置等特殊指标的功能，传统的网络优化分析在现在大数据量的通信数据分析中也无法快速高效地生成分析结果。所以结合通信数据结构的大数据平台产品应运而生。本章介绍了通信大数据平台的功能特点、安装部署及一些开发分析算法的操作和平台维护管理的操作。可以看出通信大数据平台对通信数据分析的便捷性，可以将分析过程简单化、管理的过程简单化和便利化。

习题 4

1．5G 主要性能指标有哪些？

2．列举几个智能网优关键 KPI 指标。

3．通信数据源有哪些？

4．NR 网络质量分析有哪几大类？

5．根据 MR 触发方式的不同，MR 测量报告主要分为哪几部分？

6．搭建通信大数据平台需要登录多个服务后台修改相关配置吗？

7．通信大数据平台的特色功能有哪些？

本章开始将介绍通信大数据的应用情况，分别为无线网络优化、位置信息大数据分析及互联网业务质量大数据分析。本章主要介绍对已运行的无线通信网络进行改进和优化，以提高无线网络的性能和覆盖范围，满足用户日益增长的通信需求。

5.1 无线网络优化基础

在了解无线网络优化之前，需先掌握网络覆盖的多种典型场景，不同场景的分析方法和指标也不尽相同，本章重点介绍室内覆盖的两种方式：传统室内分布系统的系统器件和解决方案；数字室内分布系统的相关知识。

5.1.1 传统室内分布系统

最初的移动通信网络都是基于宏站提供的，但随着用户对室内通信质量要求的提升，加上室内环境的复杂性，宏站已经不能满足用户的通信需求了，室内分布系统应运而生。

室内分布（简称室分）系统通常由信号源和分布系统组成。信源是指对基站信号源的引用或基站拉远单元，分布系统由功分器、耦合器、合路器等各种无源器件和干线放大器（简称干放）有源器件及室内天线组成。

1. 无源室内分布系统

无源室内分布系统由功分器、耦合器、同轴电缆、室内天线等组成。分布系统通过耦合器、功分器等无源器件对信号进行分路，并通过同轴电缆将信号均匀地分布到室内天线，从而获得均匀信号，解决室内覆盖问题。传统无源室内分布系统示意图如图 5-1 所示。

2. 有源室内分布系统

相对于无源室内分布系统，有源室内分布系统加入了干放，补偿了线路损耗，增大了室内分布系统的覆盖范围，如图 5-2 所示。

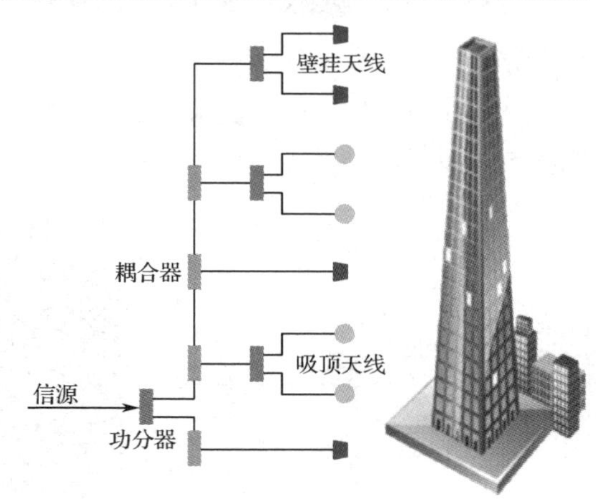

图 5-1　传统无源室内分布系统示意图

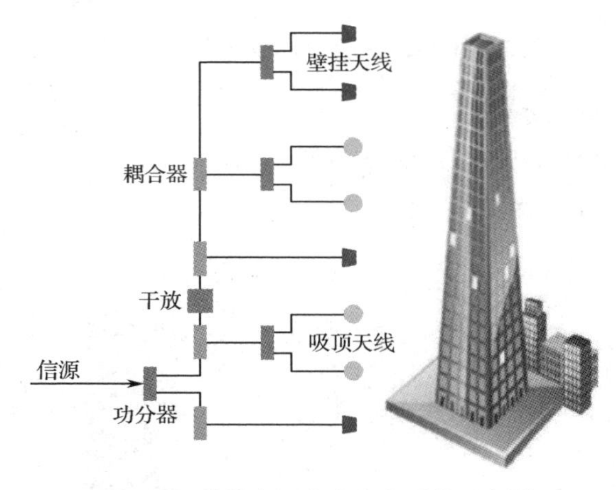

图 5-2　传统有源室内分布系统示意图

优点：覆盖范围增大。

缺点：有源器件稳定性不如无源器件，维护成本增加；同时干放会引入底噪，影响系统总体性能。

3. 宏蜂窝接入室内分布系统

宏蜂窝作为信号源，具有容量大、信号质量优等特点。宏蜂窝接入室内分布系统示意图如图 5-3 所示。

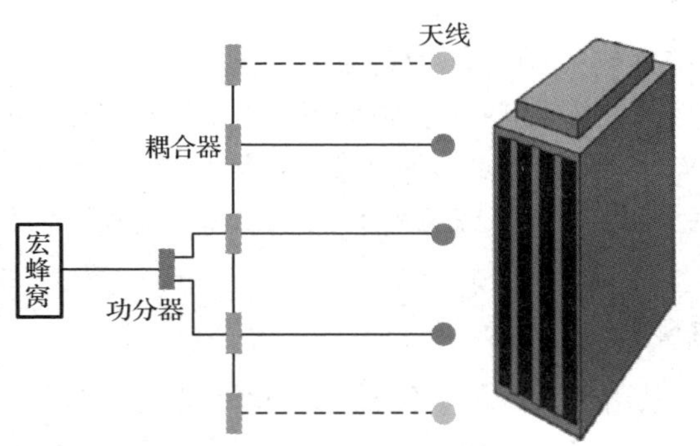

图 5-3　宏蜂窝接入室内分布系统示意图

4. 微蜂窝接入室内分布系统

采用微蜂窝作为信号源，具有建设周期短、微蜂窝功率小、覆盖范围小等优点。微蜂窝接入室内分布系统示意图如图 5-4 所示。

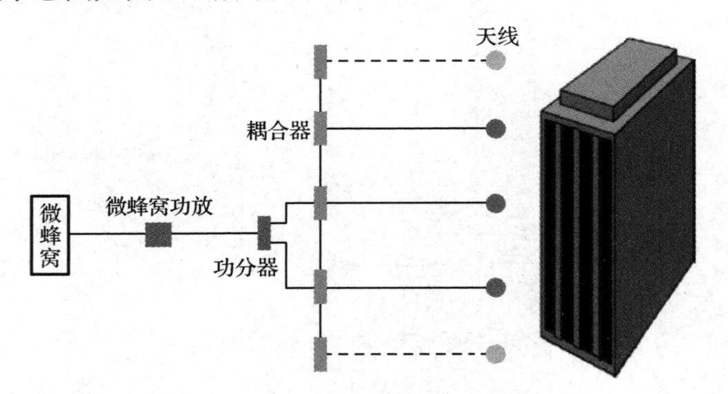

图 5-4　微蜂窝接入室内分布系统示意图

5. 分布式接入室内分布系统

采用 BBU+RRU 方式作为信号源，覆盖范围广。分布式接入室内分布系统示意图如图 5-5 所示。

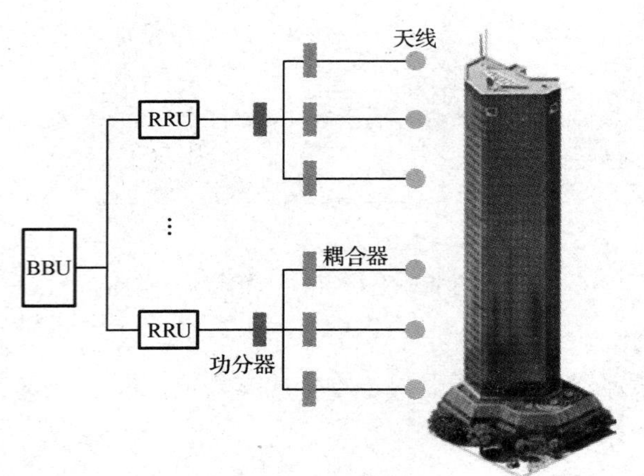

图 5-5　分布式接入室内分布系统示意图

6. 直放站接入室内分布系统

直放站是对信号源增强的一种无线中转设备，分为无线直放站和光纤直放站。无线直放站通过天线接收基站信号，经过放大后将信号重发至覆盖区域的设备；光纤直放站分为近端和远端，近端将基站信号通过线缆耦合接入，通过光纤传输至远端进行放大输出。光纤直放站信号质量好，无线直放站容易受到干扰。直放站接入室内分布系统示意图如图 5-6 所示。

7. 单通道室内分布系统

单通道是指信源端仅采用单天线的一路输出。单通道用于对数据速率、系统容量要求低的室分区域，单通道室内分布系统示意图如图 5-7 所示。

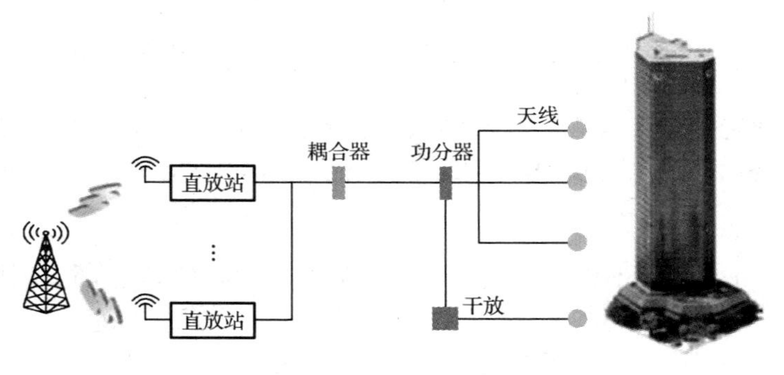

图 5-6　直放站接入室内分布系统示意图

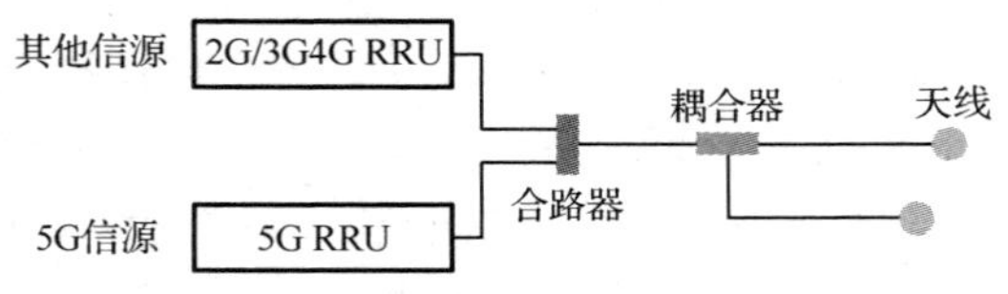

图 5-7　单通道室内分布系统示意图

8. 双通道室内分布系统

为大幅提高频谱效率，5G NR 系统采用多天线技术（multiple input multiple output，MIMO），也称为 MIMO 系统。MIMO 系统采用多天线发送和多天线接收方式，一般由 2T4R（2 发射天线 4 接收天线）、4T4R（4 发射天线 4 接收天线）组成。随着技术的发展，MIMO 系统采用的发射天线和接收天线数量会不断增多。当 2T4R 天线有一路输出时，速率会减半，所以要达到 NR 系统的峰值速率，需要建立双通道室内分布系统，满足对速率和容量要求高的区域，如体育馆和购物中心。双通道相对于单通道室内分布系统建设成本高、建设难度大、周期长。双通道室内分布系统示意图如图 5-8 所示。

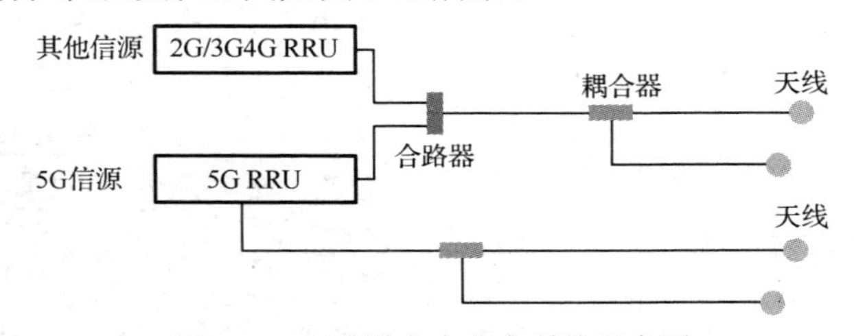

图 5-8　双通道室内分布系统示意图

5.1.2　室内分布系统器件

室内分布系统器件包含无源器件和有源器件。无源器件是室内分布系统的重要组成部分，主要有功分器、耦合器、合路器、电桥、衰减器、馈线和接头。有源器件主要有 POI（Point of Interface）和干放。为更好地理解室内分布系统器件的相关参数，需要对器件的功率参数进行说明。

1. 功率参数

对于室内分布系统，常用的参数是功率增益，它的单位是 dB、dBm，不同之处如下。

1）dB

dB 是一个表征相对值的值，是纯粹的比值，只表示两个量的相对大小，当考虑甲功率相

比于乙功率大或小多少 dB 时，按下面的计算公式：10 lg（甲功率/乙功率）。如果采用两者的电压比计算，要用 20 lg（甲电压/乙电压）。

【例】甲功率比乙功率大一倍，那么 10 lg（甲功率/乙功率）=10lg2=3 dB。也就是说，甲功率比乙功率大 3 dB。反之，如果甲功率是乙功率的一半，则甲功率比乙功率小 3 dB。

2）dBm

dBm 是一个表示功率绝对值的值（也可认为是以 1 mW 功率为基准的比值），计算公式为 10 lg（功率值/1 mW）。

【例】如果功率 P 为 1 mW，折算为 dBm 后表示为 0 dBm。

【例】对于 40 W 的功率，按 dBm 单位进行折算后的值应为

10 lg（40 W/1 mW）=10 lg（40 000）=10 lg4+10 lg 10 000=46 dBm

总之，dB 值体现两个量的比值，表示两个量的相对大小，而 dBm 则是表示功率绝对大小的值。在 dB 值、dBm 值的计算中，要注意基本概念，用一个 dBm 值减另外一个 dBm 值时，得到的结果是 dB 值，如 30 dBm−0 dBm = 30 dB。

一般来讲，在工程中，dBm 值和 dBm 值之间只有加减关系，没有乘除关系，而用得最多的是减法。dBm 值减 dBm 值实际上体现两个功率值相除，信号功率和噪声功率相除就是信噪比（SNR）。dBm 值加 dBm 值实际上体现两个功率值相乘。

2. 功分器

功分器是将功率进行均匀分配的无源器件，功分器主要分为二功分器、三功分器、四功分器三种，如图 5-9 所示。理论上，功分器输出功率是输入功率的 1/N。功分器有两种损耗，分别是插入损耗和分配损耗，单位是 dB。二功分器的分配损耗为 10lg2=3 dB；三功分器的分配损耗为 10lg3=4.8 dB；四功分器的分配损耗为 10lg4=6 dB。插入损耗取值通常为 0.3～0.5 dB，同生产材料和工艺相关。当插入损耗为 0.5 dB 时，二功分器的总损耗为 3.5 dB，三功分器的总损耗为 5.3 dB，四功分器的总损耗为 6.5 dB。功分器相关参数如表 5-1 所示。

图 5-9　功分器示例

表 5-1　功分器相关参数

检测项目	高性能产品性能标准		普通性能产品性能标准	
型号	二功分器	三功分器	二功分器	三功分器
频率范围（MHz）	800～2 700		800～2 700	
损耗（dB）	≤3.3	≤5.2	≤3.3	≤5.2
驻波比	≤1.25	≤1.25	≤1.25	≤1.25
带内波动（dB）	≤0.3	≤0.45	≤0.3	≤0.45

续表

检测项目	高性能产品性能标准		普通性能产品性能标准	
三阶互调（dBc）@+43 dBm×2	≤−150	≤−150	≤−140	≤−140
五阶互调（dBc）@+43 dBm×2	≤−160	≤−160	≤−155	≤−155
阻抗（Ω）	50		50	
接口类型	DIN 型			N 型
平均功率容限（W）	500	500	300	300
峰值功率容限（W）	1 500	1 500	1 000	1 000

3. 耦合器

把功率按比例分配给端口的器件就是耦合器，如图 5-10 所示。耦合器的端口分为入射端口、耦合端口和直通端口。

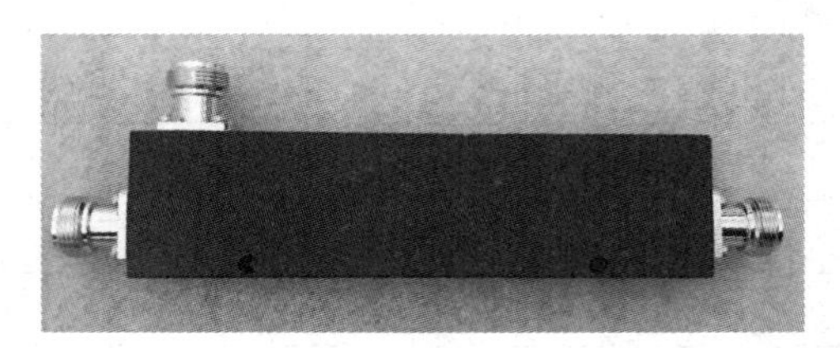

图 5-10　耦合器示例

耦合器的功率计算公式如下：

耦合度 P_{out}（dB）=入射端口功率 P_{in}（dBm）−耦合端口功率 P_c（dBm）

$$即\ 1=\frac{P_c}{P_{in}}+\frac{P_{out}}{P_{in}}$$

图 5-11 所示为耦合器功率分布图。耦合器的耦合度越大，直通端口的分配损耗越小，直通端口的插入损耗一般取 0.3～0.5 dB，它们之间的关系如表 5-2 所示。

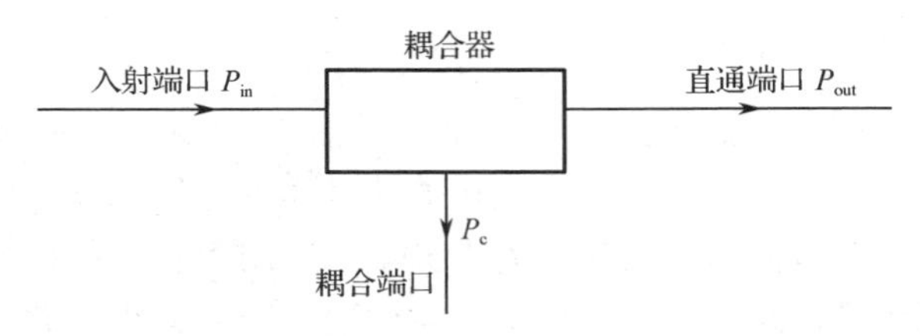

图 5-11　耦合器功率分布图

表 5-2　耦合器直通端口损耗与耦合度的关系

耦合度	5	6	7	10	12	15	20	25	30
分配损耗	1.65	1.26	0.97	0.46	0.28	0.14	0.04	0.01	0.00
插入损耗	0.50	0.50	0.50	0.50	0.50	0.50	0.50	0.50	0.50
直通端口总损耗	2.15	1.76	1.47	0.96	0.78	0.64	0.54	0.51	0.50

4. 合路器

将两路或多路信号合成一路输出的无源器件为合路器，如图 5-12 所示。合路器各个端口之间要求有较高的干扰抑制度。合路器的相关指标如表 5-3 和表 5-4 所示。

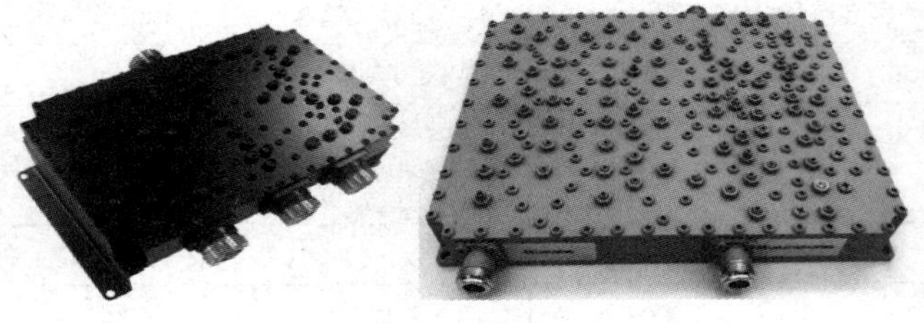

图 5-12　合路器示例

表 5-3　合路器相关指标（一）

项　目	指　标	
	插入损耗	基站端驻波比
LTE	<1.0 dB	<1.3
W-CDMA	<1.0 dB	
GSM900	<1.0 dB	
5G NR	<1.0 dB	

表 5-4　合路器相关指标（二）

检测项目	高性能产品性能标准		普通性能产品性能标准	
型号	二功分器	三功分器	二功分器	三功分器
频率范围（MHz）	800～2 700		800～2 700	
损耗（dB）	≤3.3	≤5.2	≤3.3	≤5.2
驻波比	≤1.25	≤1.25	≤1.25	≤1.25
带内波动（dB）	≤0.3	≤0.45	≤0.3	≤0.45
三阶互调（dBc）@+43 dBm×2	≤-150	≤-150	≤-140	≤-140
五阶互调（dBc）@+43 dBm×2	≤-160	≤-160	≤-155	≤-155
阻抗（Ω）	50		50	
接口类型	DIN 型			N 型
平均功率容限（W）	500	500	300	300
峰值功率容限（W）	1 500	1 500	1 000	1 000

5. 电桥

电桥用于同频段的合路，属于同频合路器，如图 5-13 所示。电桥是一种特殊的耦合器，物理端口分为两进两出。其直通端和耦合端的比例为 1 : 1，因此输入端与耦合端的功率差为 3 dB。它常用于基站的信号合路，从效果上看相当于合路器加二功分器。电桥端口功率计算示意如图 5-14 所示，电桥相关参数指标如表 5-5 所示。

图 5-13　电桥示例

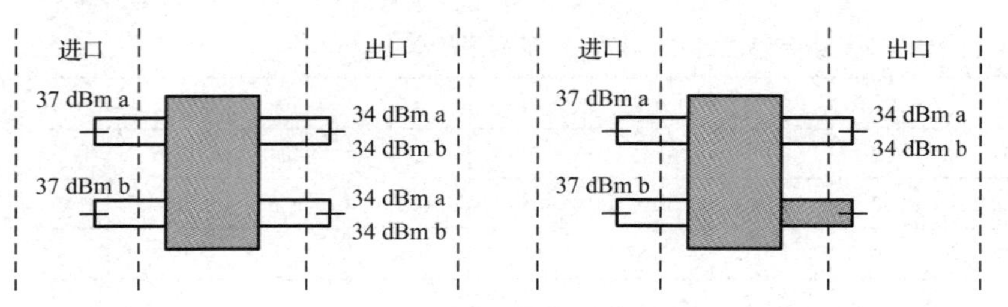

图 5-14　电桥端口功率计算示意

表 5-5 电桥相关参数指标

参 数	技 术 指 标
工作频率范围	800～2 500 MHz
插损	≤3.2 dB
驻波系数	≤1.2
隔离度	≥30 dB
输出不平坦度	≤0.3 dB
功率容量	150、200 W
接口	N 型阴头 50 Ω
三阶互调	≤-140（dBc）@+43 dBm×2
环境温度	-25～+65 ℃（外部环境温度）

6. 衰减器

衰减器是把大功率信号衰减到一定程度的器件，如图 5-15 所示。衰减器分为可变衰减器和固定衰减器，工程中常用固定衰减器，衰减值为 5 dB、10 dB、15 dB、20 dB、30 dB、40 dB 等。衰减器相关参数指标如表 5-6 所示。

图 5-15 衰减器示例

表 5-6 衰减器相关参数指标

参 数	技 术 指 标
工作频带	800～2 500 MHz
损耗	6 dB 衰减器：6 dB
	10 dB 衰减器：10 dB
	15 dB 衰减器：15 dB
	20 dB 衰减器：20 dB
功率容量	≤50 W
驻波系数	≤1.2
接口	N 型阴头 50Q

7. 馈线

馈线用于室内分布系统中射频信号的传输，也称射频电缆。室内分布系统利用微蜂窝或直放站的输出，再加上射频电缆，通过天线来覆盖一座大厦内部，射频电缆主要工作频率范围为 100～3 000 MHz。馈线类型主要分为编织外导体射频同轴电缆和皱纹铜管外导体射频同轴电缆，前者主要用于室内的穿插走线，后者主要用于信号源的传输。工程中常用皱纹铜管外导体射频同轴电缆，其中 7/8 in 馈线的弯曲半径是 260 cm，1/2 in 软馈线的弯曲半径是 150 cm。射频电缆的相关参数如表 5-7 所示。

表 5-7　射频电缆的相关参数

电缆类型	外　形	常用规格	特　点	使用场合
编织外导体射频同轴电缆	内导体 绝缘体 编织层 编织层 外护套	5D、7D、8D、10D、12D	比较柔软，可以有较大的弯折度	适合室内的穿插走线
皱纹铜管外导体射频同轴电缆	1/4 in　3/8 in　1/2 in　7/8 in	1/2 in、7/8 in 等	电缆硬度较大，对信号的衰减小，屏蔽性也好	多用于信号源的传输

8. 接头

馈线与设备及不同类型线缆之间一般采用可拆卸的射频连接器进行连接。连接器俗称接头，常用的接头类型有 N 型、DIN 型、SMA 型、BNC 型，如图 5-16 所示。表 5-8 给出了接头相关参数。

SMA型

N型（直式、公型）

N型（弯式、公型）

DIN型（直式、母型）

DIN型（直式、公型）

BNC型

图 5-16　接头示例

表 5-8　接头相关参数

序号	检测项目		单　位	N 型要求	DIN 型要求
1	接触电阻	内导体	MQ	≤1.0	≤0.4
		外导体		≤0.25	≤0.2
2	绝缘电阻		MΩ	≥5 000	
3	内外导体间耐压（2 500 V，AC，1 min）		—	应无击穿和闪络现象	

续表

序号	检测项目		单位	N 型要求	DIN 型要求
4	电压驻波比	800～1 000 MHz	—	≤1.12	
		1 700～2 500 MHz			
5	插入损耗	900 MHz	dB	≤0.10	≤0.08
		2 000 MHz		≤0.15	≤0.12

9. POI

POI 是 Point of Interface 的缩写，指多系统合路平台，如图 5-17 所示，主要用于地铁、会展中心、展览馆、机场等大型建筑的室内覆盖。该系统运用频率合路器与电桥合路器对多个运营商、多种制式的移动信号合路后引入天馈分布系统，达到充分利用资源、节省投资的目的。为避免干扰，POI 分为上行、下行两个平台，将上行和下行链路信号分开传输。

图 5-17　POI 示例

10. 干线放大器

干线放大器，简称干放，是在功率变低而不能满足覆盖要求时的信号放大设备，如图 5-18 所示。当信号源设备功率难以满足覆盖要求时，该设备可以放大信号源（一般是微蜂窝）的功率，以覆盖更大的区域。干线放大器一般主要用于配合微蜂窝基站或直放站解决室内信号盲区的问题，具有双端口全双工设计、内置电源、安装方便、可靠性高、数字与模拟系统兼容的特点。若作为分布式室内覆盖系统使用，它们也可用作线路中继放大或延伸放大，覆盖区域面积可达数万平方米。干线放大器为有源器件，在采用干线放大器的室内分布系统中，需要考虑干放的噪声系数对分布系统下行灵敏度的影响和对整个分布系统上行的噪声抬高。

图 5-18　干线放大器示例

11. 全向吸顶天线

全向吸顶天线是指水平波瓣宽度为 360° 的天线。全向吸顶天线一般安装在房间、大厅、走廊等场所的天花板上，如图 5-19 所示。全向吸顶天线的增益较小，一般为 2～5 dBi。全向吸顶天线相关参数指标如表 5-9 所示。

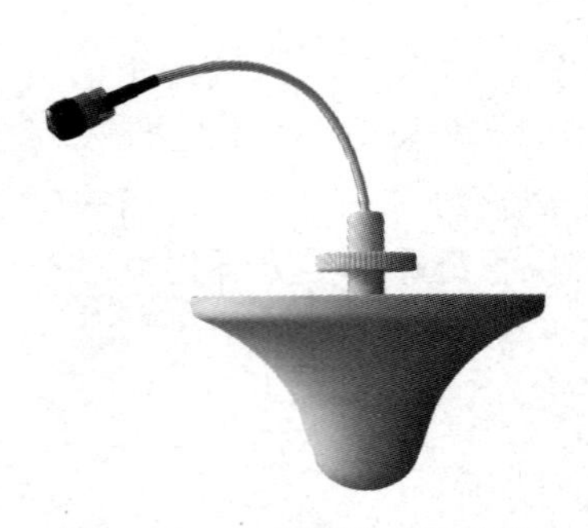

图 5-19 全向吸顶天线示例

表 5-9 全向吸顶天线相关参数指标

频率范围（MHz）	806～960	1 710～2 690
30°辐射角方向增益（dBi）	N/A	≤-6
85°辐射角方向增益（dBi）	≥1.5	≥2
V 面增益（dBi）	≥1.5	≥3.0
85°辐射角方向图圆度（dB）	≤1.0	
电压驻波比	<1.5	
极化方式	垂直	
功率容限（W）	50	
三阶互调（dBm）@+33°dBm×2	≤-107	
阻抗（Ω）	50	
接口型号	N-F	

12. 定向壁挂天线

定向壁挂天线用于比较狭长的室内空间。壁挂天线的增益一般为 6～10 dBi，水平波瓣角为 65°，垂直波瓣角为 60°。定向壁挂天线相关参数指标如表 5-10 所示。

表 5-10 定向壁挂天线相关参数指标

频率范围（MHz）	806～960	1 710～2 690
极化方式	垂直	
增益（dBi）	6.5±1	7±1
水平面半功率波束宽度（°）	90±15	75±15
垂直面半功率波束宽度（°）	85	65
前后比（dB）	≥8	≥10
电压驻波比	≤1.5	

5.1.3 室内分布系统典型场景应用解决方案

1. 交通枢纽场景

交通枢纽场景以机场、火车站、汽车站、地铁及隧道等场景为例进行介绍。

1）机场

机场室内分布系统主要覆盖候机厅、出发厅、到达厅，如图 5-20 所示。

机场候机厅、值机厅吸顶天线和板状天线覆盖方案如图 5-21 所示。

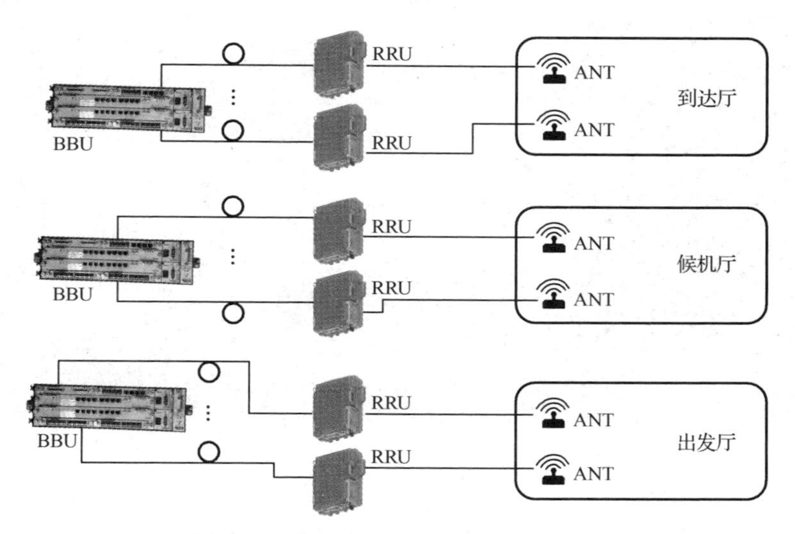

图 5-20　机场室内分布系统网络示意图

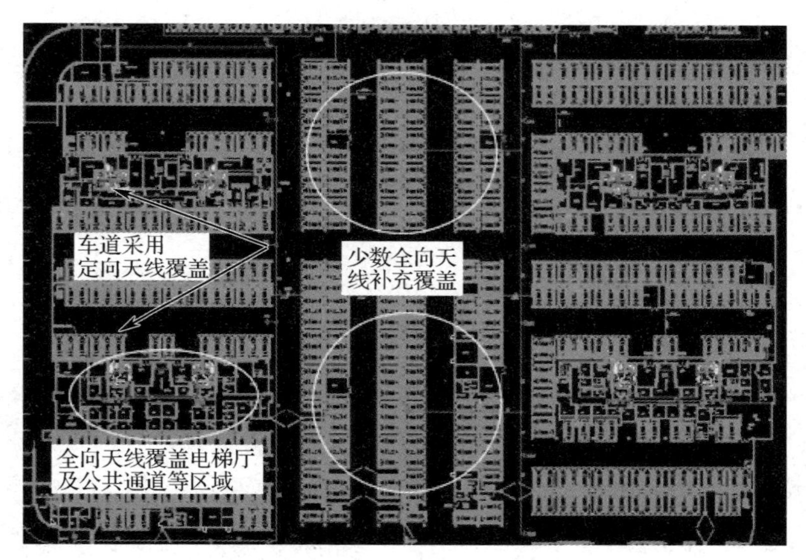

图 5-21　机场候机厅、值机厅吸顶天线和板状天线覆盖方案

2）火车站、汽车站

候车厅、售票处：吊顶较低时，采用全向吸顶天线覆盖；吊顶较高（8 m 以上）时，采用定向板状进行覆盖。过道：进、出站点的过道，可用吸顶天线覆盖。站台：此区域一般比较空旷，穿透损耗小，高话务量，高流量，一般采用壁挂天线覆盖。车站类场景功能区覆盖方案如图 5-22 所示。

3）地铁及隧道

地铁站内比较封闭，一般采用多家运营商共建 POI 和天线分布系统，接入各自的信号源，覆盖地下通道、站厅、站台、换乘通道、区间隧道等区域。主干路由采用光纤，将 RRU 拉远至需要覆盖的区域；站厅、站台采用常规手段布放分布系统天线；隧道采用泄漏电缆覆盖。地铁及隧道类场景覆盖示意图如图 5-23 所示。

图 5-22　车站类场景功能区覆盖方案

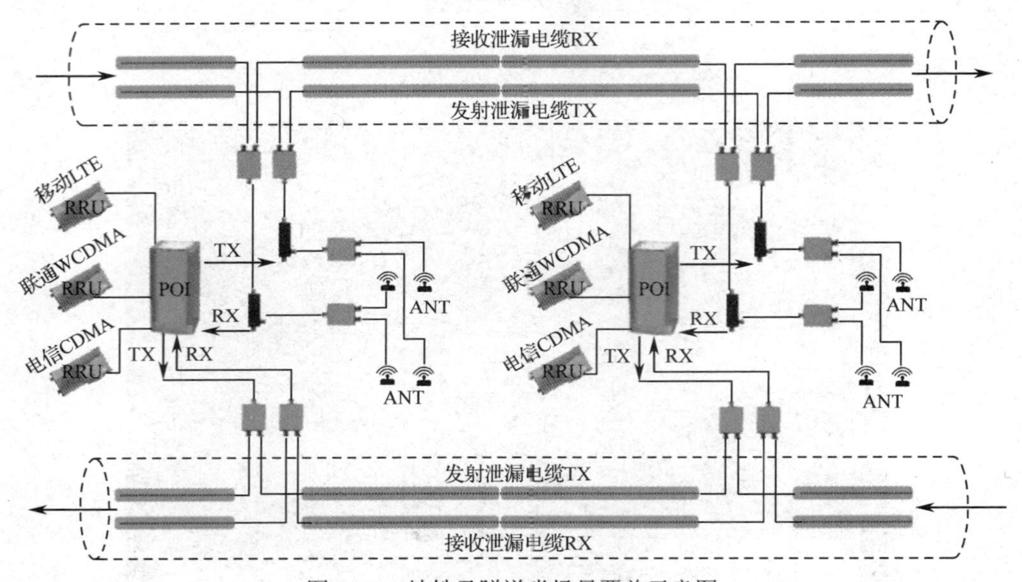

图 5-23　地铁及隧道类场景覆盖示意图

切换区应规划在业务发生率较低的地方，要预留得足够大，示意图如图 5-24 所示。

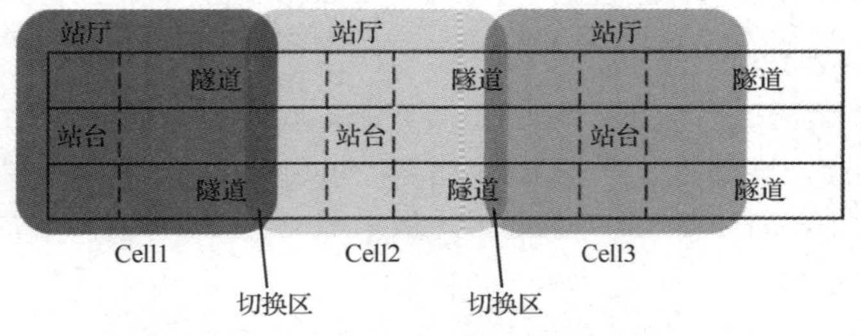

图 5-24　地铁及隧道类场景简要切换区示意图

2. 大型场馆场景

大型场馆主要有体育场馆、会展中心、图书馆、博物馆等。大型体育场馆的建筑结构分为半开放式（如国家体育场）和全封闭式（如广州体育馆），体育场馆室内覆盖示意图如图 5-25 所示。

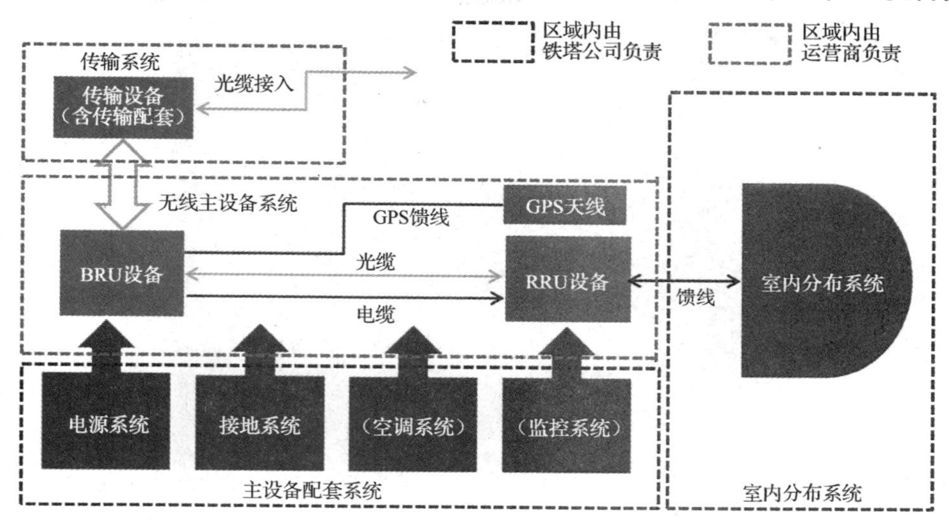

图 5-25　体育场馆室内覆盖示意图

体育场馆的看台容量大、小区密度大，为严格控制小区间的干扰及切换区域，建议采用赋型天线覆盖。赋型天线是定向天线的一种，其好处是主瓣覆盖区域之外急速滚降，旁瓣获得严格控制，赋型天线挂装示例如图 5-26 所示。

图 5-26　赋型天线挂装示例

对于体育场馆室内功能区，在室内通道、办公区采用全向吸顶天线覆盖；在贵宾区、地下停车场可以采用定向壁挂天线或全向吸顶天线覆盖；对于房间纵深超过 4 m 的情况，建议天线进房间覆盖。对于场馆外区域，采用美化天线隐蔽安装方式进行覆盖，示例如图 5-27 所示。

图 5-27　场馆外区域覆盖示例

体育场馆在保证覆盖的同时需要保证容量。为避免同频干扰，规划时可以采用不同的频率。图 5-28 所示是某体育场的平面图，图中用文字标出了规划频率组的划分。

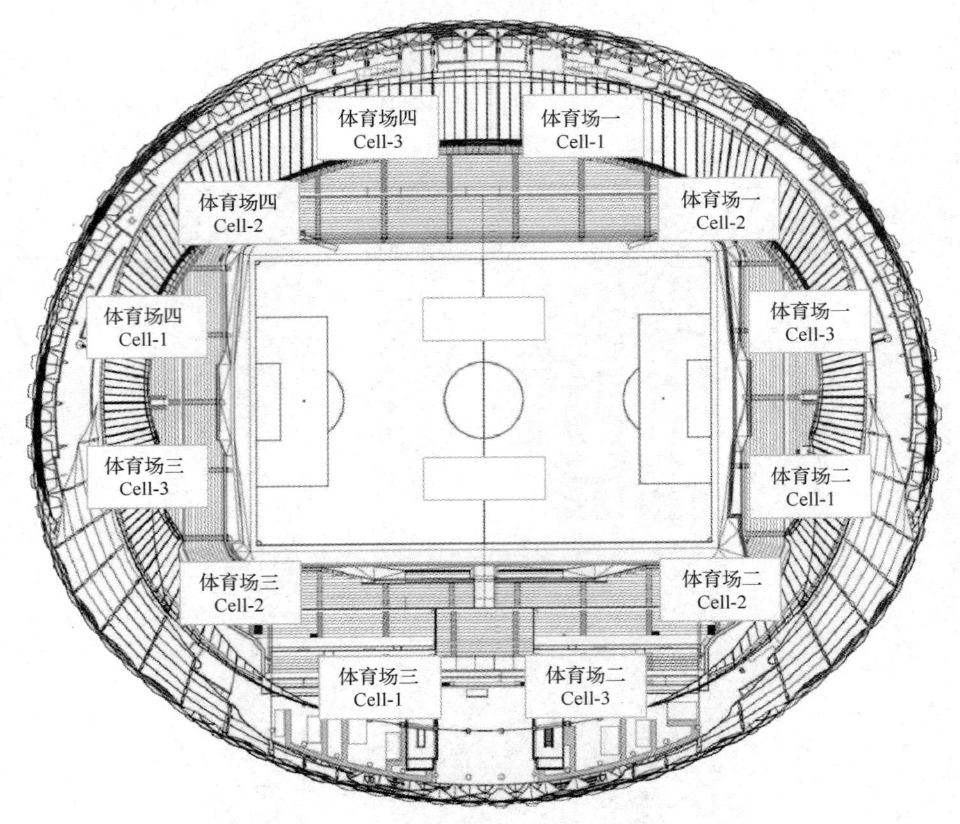

图 5-28　某体育场规划频率组的划分

3. 商务楼宇场景

商务楼宇包括写字楼、酒店、公寓、商场等综合性建筑。办公区、普通会议室可采用板状天线靠墙安装或吸顶天线。走廊区域每隔 12～15 m 安装一个吸顶天线；靠近窗边信号易泄漏区域采用定向天线从窗边往内覆盖；进深超过 10 m 的开阔办公区、会议室，吸顶天线易放在房间内部；高速、超高速电梯宜采用泄漏电缆覆盖；低速电梯和中速电梯采用板状定

向天线，每 3 层 1 副天线，如图 5-29 所示。

高层写字楼基于切换和干扰原因，采用垂直分区，裙楼单层面积较大采用水平分区。

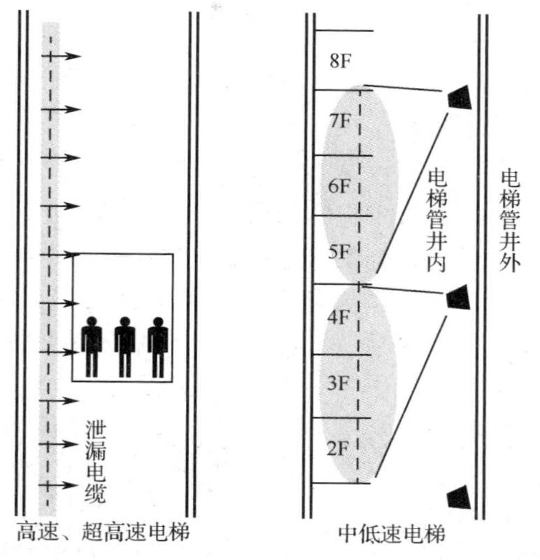

图 5-29　电梯场景覆盖示意

4. 住宅小区场景

住宅小区可分为别墅小区、多层小区、高层/环抱小区、独栋高层建筑等。

别墅小区采用路灯天线、广告牌天线等美化天线覆盖，天线设置在小区道路中间位置。

多层小区，对于 6 层以下的，可以采用美化型路灯定向天线；对于 7～8 层的，可以使用射灯型定向天线。

高层环抱小区，可以在走廊、房门口等地方布放天线。中高层室外综合手段是采用楼顶射灯定向天线下倾覆盖中高层，地面路灯全向覆盖低层，楼之间采用壁挂美化天线覆盖中层，如图 5-30 所示。

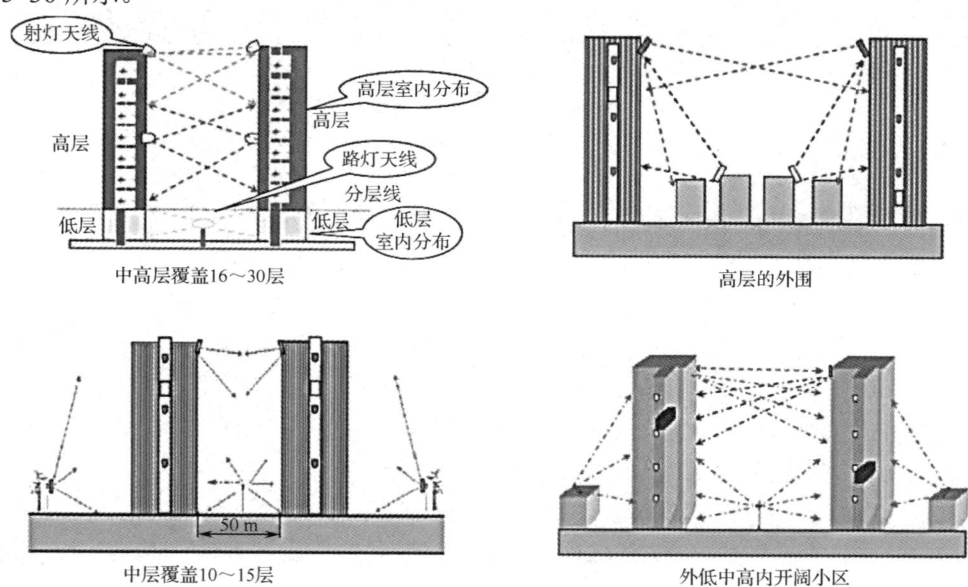

图 5-30　高层小区覆盖示意图

独栋高层建筑，由于周围阻挡较少，对射灯天线上倾或下倾方式要谨慎设置，避免对别的小区产生干扰。

5. 校园场景

校园场景分为室内区域和室外区域，前者包括教学楼、宿舍楼、行政楼、食堂、图书馆、大礼堂、体育馆等，后者包括道路、广场、操场等，如图5-31所示。

教学楼建筑一般楼层较低、横向较宽，需建设室内分布系统覆盖；宿舍楼建筑物密集，排列较为规则，学生众多，话务量集中，较低的宿舍楼（10层以下），可以采用地面全向天线或定向天线覆盖楼宇下层，相对较高的楼层（10层以上），可以采用壁挂天线在楼宇中上部进行楼宇间中高层互打；行政楼的结构和商务楼宇差别不大，可以参考商务楼宇的覆盖方案；图书馆等容纳人员较多，覆盖容易，可参考体育场馆覆盖方案。

图5-31　校园场景示例

6. 其他场景

其他场景主要包括独立休闲场所、沿街商铺、地下车库等。

1）独立休闲场所

独立休闲场所包括KTV包房、台球厅、健身房、足底理疗厅、咖啡厅、餐厅等。优先建议的覆盖方式为无源室内分布系统，另一种方式是灵活的Small Cell覆盖，如图5-32所示。

采用室内分布系统覆盖，技术成熟，但工程造价高；采用Small Cell方式，可采用网线、光纤等传输方式，部署灵活快捷，工程造价低。

2）沿街商铺

沿街商铺可采用室内外综合手段覆盖，可将天线安装在临街电线杆或临街商铺外墙上进行覆盖，示例如图5-33所示。

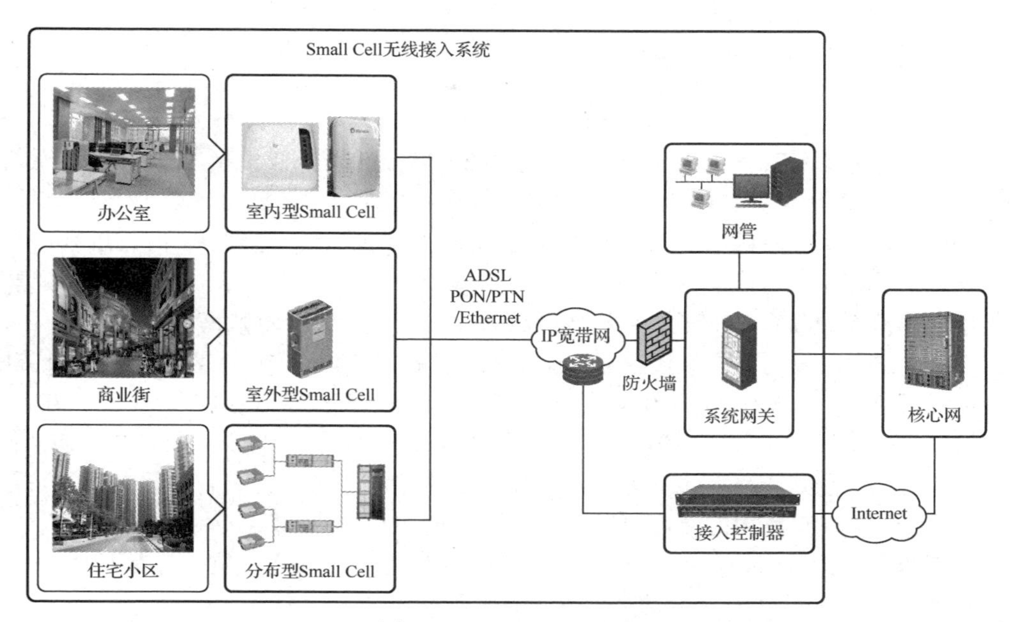

图 5-32　Small Cell 覆盖

图 5-33　临街天线挂点示例

3）地下车库

地下车库可采用有源室内分布系统方案，信源采用直放站，布放全向吸顶天线或定向壁挂天线进行覆盖，示意图如图 5-34 所示。

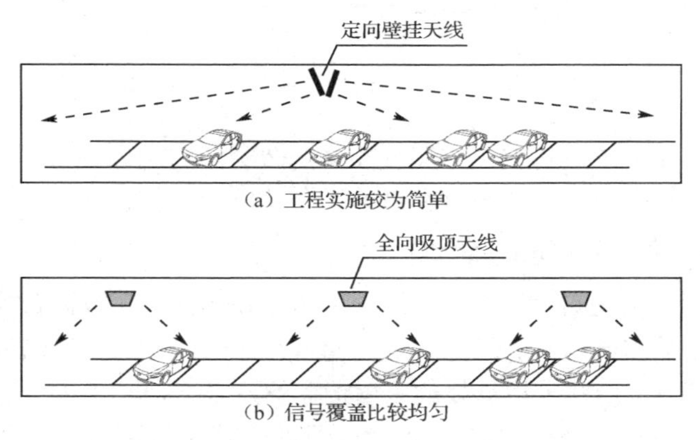

图 5-34　地下车库覆盖示意图

5.1.4 数字室内分布系统

1. 5G 时代传统室内分布系统面临的困境

传统室内分布系统在容量上不能满足移动互联网发展的需求。移动互联网进入流量经济G 时代，4G 用户月流量超 1 G。据 NTT DoCoMo 的统计，大约 70%的 3G 业务发生在室内；进入 4G 时代，发生在室内的业务占比增长到 90%。可以看出，进入 4G 时代以来，室内流量大幅增加，传统室内分布系统已满足不了容量增长的需求。

传统室内分布系统在 4G 时代由于 MIMO 技术的限制，改造困难重重。无论 3G 还是 4G 网络，MIMO 技术已成为提升速率和网络流量的最佳技术手段，室内覆盖流量需求日益增大，考虑到后续网络演进，MIMO 技术成为必选，DAS MIMO 可以将室内容量提升 1 倍。在 4G 系统中，DAS 实现 MIMO 需要增加一条通道（见图 5-35），但即使 DAS MIMO 增加了一个通道，通道不平衡也会导致吞吐率下降。传统 DAS 在进行单改双的工程中困难重重，因为需要新的物业谈判，建筑物内的装修也发生了很大变化。5G 需要 Massive MIMO 技术，而传统室内分布系统不支持 Massive MIMO 技术。综上，传统室内分布系统难以进行 MIMO 技术改造，已经不能适应 4G 与 5G 网络发展的需求。

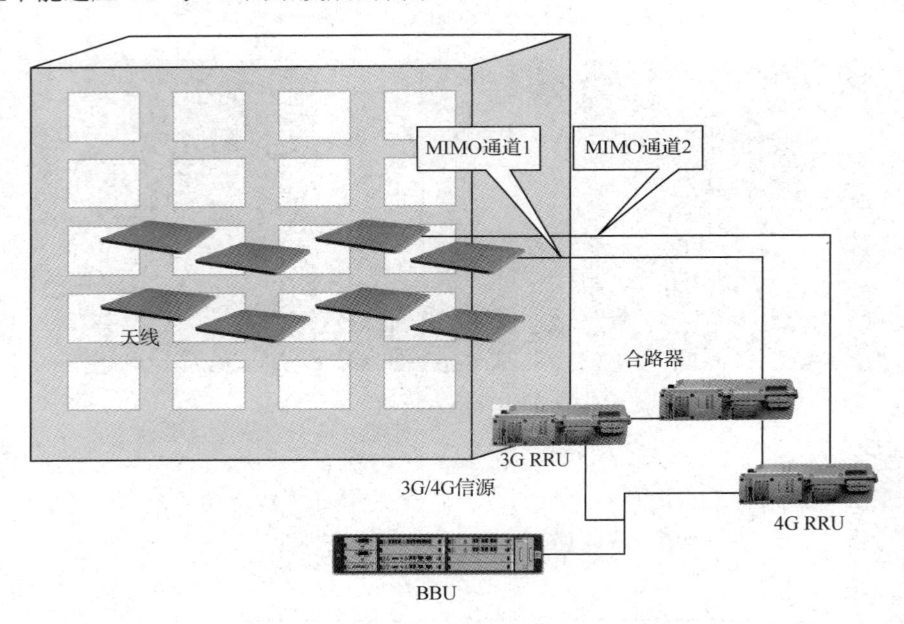

图 5-35 DAS MIMO 需要增加一条通道

传统室内分布系统节点多，节点老化故障导致网络隐患多；传统 DAS 网管无法管理，网络问题难以定位。传统室内分布系统节点分布图如图 5-36 所示。

2. QCell 和传统室内分布系统的比较

因为数字室内分布系统在协议上没有定义，所以现在各大厂商的数字室内分布系统没有统一的设备名称，下面以国内某大厂家的数字室内分布系统 QCell 为例进行介绍。

数字室内分布系统 QCell 采用创新的室内覆盖解决方案，颠覆了传统室内分布方案。

图 5-37 所示是传统室内分布方案，是“信源+DAS”的解决方案。

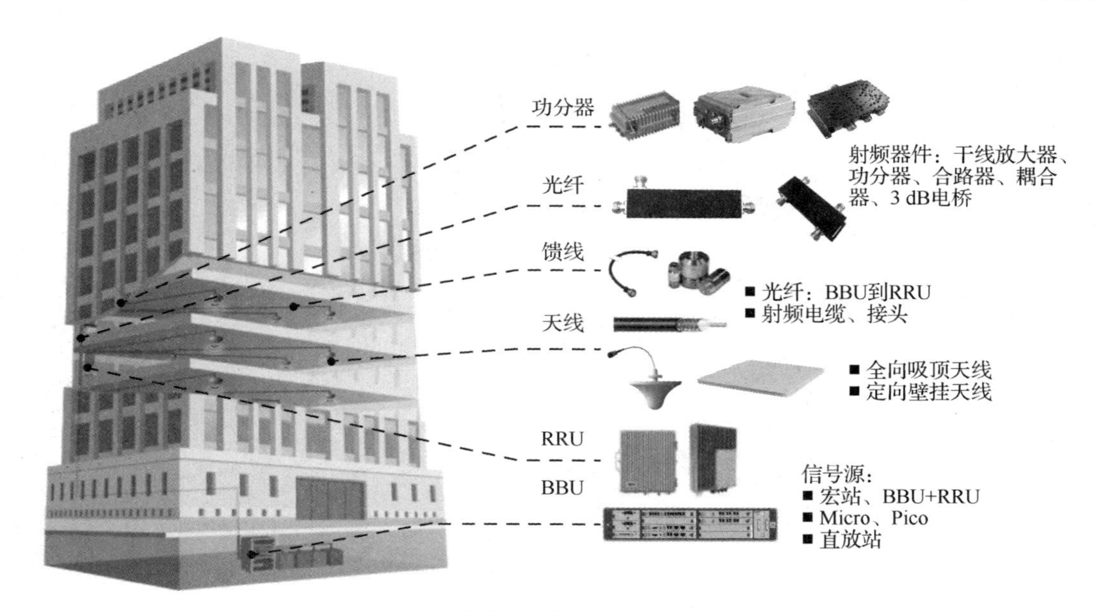

图 5-36　传统室内分布系统节点分布图

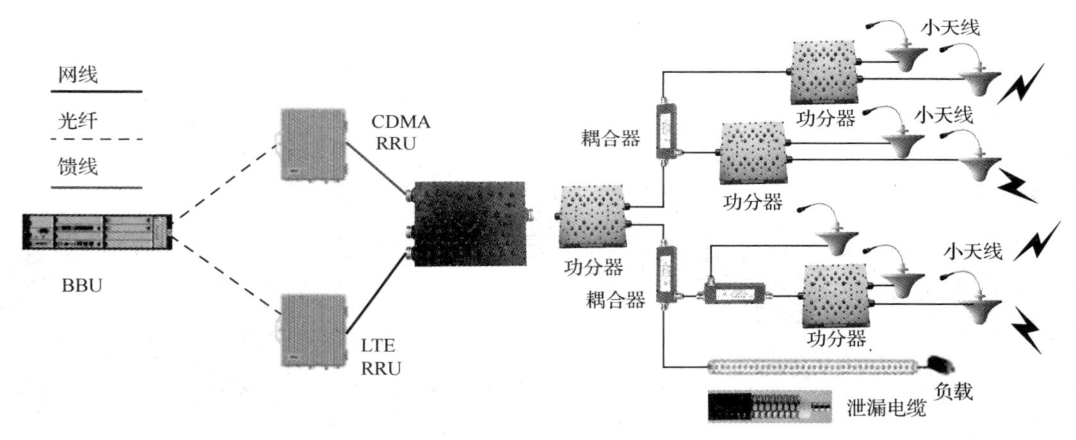

图 5-37　传统室内分布方案

图 5-38 所示是数字室内分布方案采用“光纤+网线”的方式，颠覆了传统室内分布方案。传统室内分布系统采用馈线连接的方式，数字室内分布方案实现了从馈线到网线的蜕变。

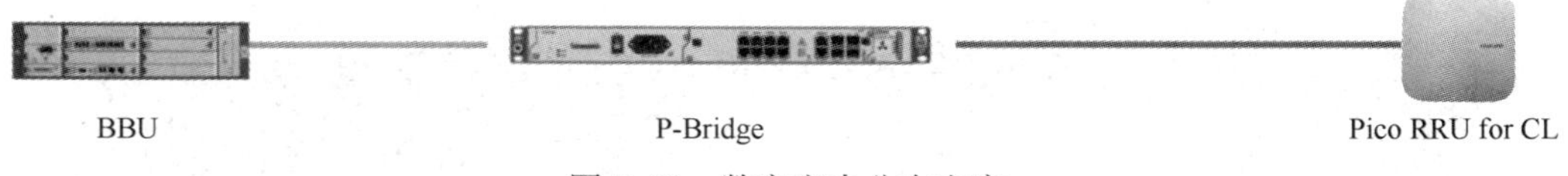

图 5-38　数字室内分布方案

3. QCell 解决方案

QCell 解决方案支持快速部署，Pico RRU 小巧、轻便，美观集成内置天线，Pico RRU 的连接支持用 Cat5e 网线，供电方式支持 PoE 供电。QCell 解决方案支持四频，即 800 MHz、1.8 GHz、2.1 GHz、2.6 GHz，多模集成。QCell 设备是大厂家设备，提供质量保障，有灵活的小区分裂和合并方式，并支持 2×2 MIMO。图 5-39 给出了楼宇覆盖的数字室内分布方案。

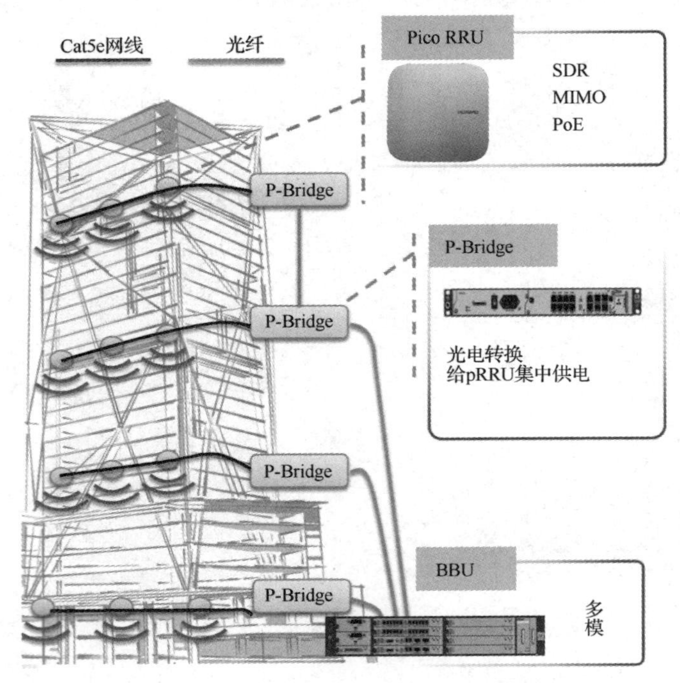

图 5-39　楼宇覆盖的数字室内分布方案

4. QCell 产品示例

BBU（B8200）如图 5-40 所示，为成熟商用产品，支持与宏站共用 BBU、CL 多模 BBU、CL 多模基带板。

图 5-40　BBU（B8200）实物

P-Bridge（PB1000）如图 5-41 所示，有 8 个千兆数据传输和供电网口，支持 4 级 P-Bridge 级联。该设备可在 19 in 标准机柜侧挂安装，高度为 1 U（1 U=4.445 cm），质量为 5 kg。

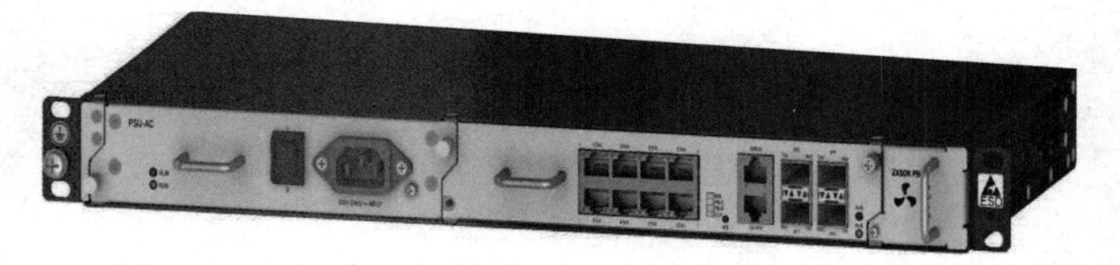

图 5-41　P-Bridge（PB1000）实物

Pico RRU（pRRU）如图 5-42 所示，支持多模多频集成，频段包括 800 MHz、1.8 GHz、2.1 GHz、2.6 GHz 频段均支持 MIMO，支持 GSM、UMTS、CDMA、NR 四种模式，有业界最大容量，可通过 GE 线缆支持 2×20 MHz NR 小区。

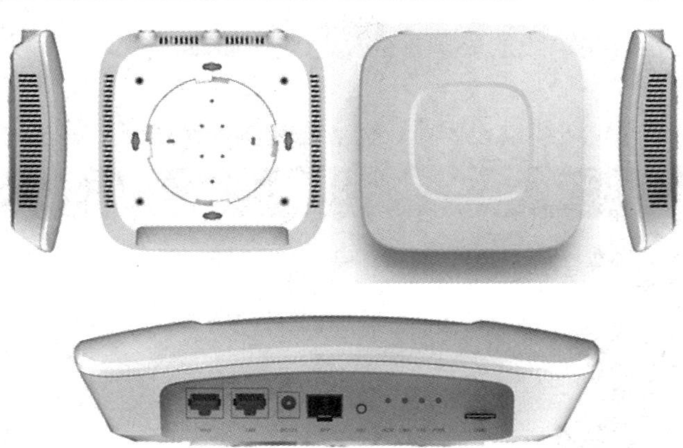

图 5-42　Pico RRU 实物

5. QCell 组网示意图

单 BBU 可以带 192 个 pRRU。每个 BBU 可以带 6 组 P-Bridge，每组可以支持 4 级 P-Bridge 级联，每个 P-Bridge 可以支持 8 个 pRRU，如图 5-43 所示。

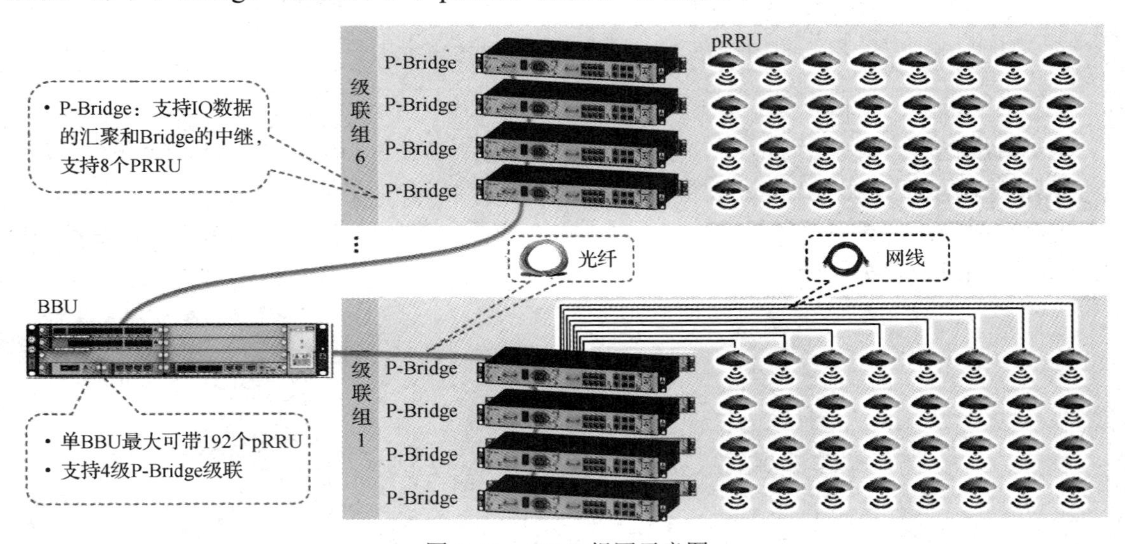

图 5-43　QCell 组网示意图

6. QCell 方案亮点

同传统室内分布方案对比，QCell 方案有以下四大亮点。

1）设备简化，能够快速交付

图 5-44 所示为 DAS 方案和 QCell 方案的对比。

设备：DAS 的设备有功分器、耦合器、合路器、定向天线，吸顶天线；QCell 系统的设备只有 P-Bridge 和 pRRU。

线缆：DAS 的线缆是 1/2 in 馈线，7/8 in 馈线，又重又硬；QCell 系统的线缆是网线，又轻又软。

可靠性：DAS 的节点隐患多，难定位，无监控；QCell 系统节点少，易定位，可以后台监控。

物业协调：居民对设备电缆的警惕性高，物业协调难；QCell 可以宽带改造为由，物业协调易。

施工：DAS 设备复杂，线缆铺设困难，物业协调难，整体施工难度大；QCell 系统施工快。

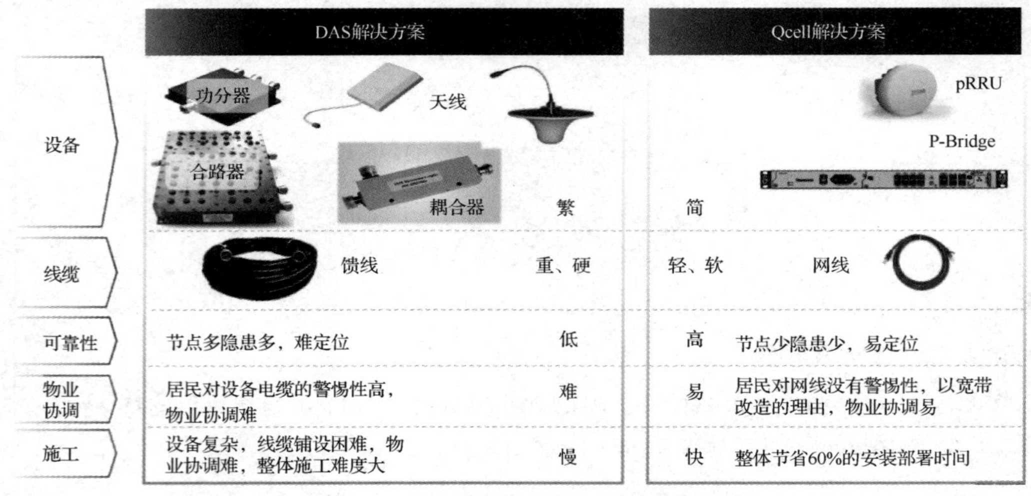

图 5-44　DAS 方案和 QCell 方案的对比

2）容量增大，可按需灵活调整

RRU+DAS：系统容量取决于信源 RRU，单套系统只有单小区，扩大容量时首先需要增加信源容量，需要二次上站安装设备等，容量调整不灵活。

QCell 系统：超大系统容量，单套系统有多个小区，容量可达 DAS 的若干倍，通过远程 NetNumen 即可设置小区合并、小区分裂，从而灵活调整容量，如图 5-45 所示。

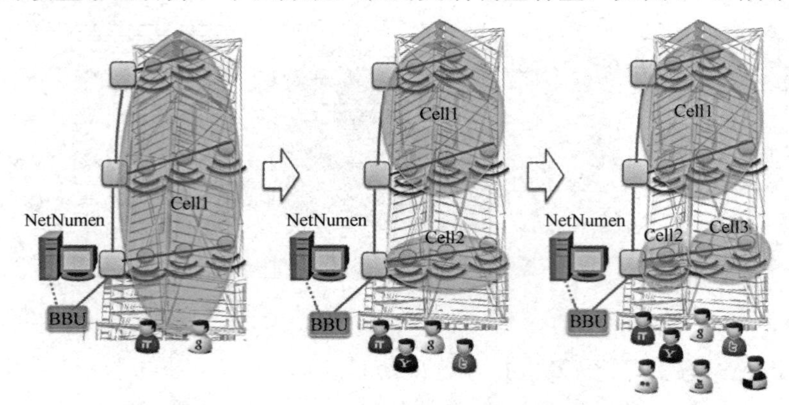

图 5-45　QCell 系统通过 NetNumen 网管设置小区合并、小区分裂

3）覆盖增强，可提升室内深度覆盖效果

DAS：信号随着合路器—功分器—馈线一路衰减，越到末端，信号越弱，覆盖效果越差；在天线覆盖范围的边缘或室内的角落，存在很多弱覆盖区域。DAS 解决方案如图 5-46 所示。

QCell 系统：每个点的功率可设，没有任何衰减；pRRU 支持 2T2R，相对于传统 DAS 的 1T1R，在容量和覆盖上都大大加强；上、下行支持 COMP，提升了覆盖效果和小区边缘用户的性能；QCell 微小区和室外宏小区可实现 HetNet 云协同，可优化覆盖、提升容量。QCell 解决方案如图 5-47 所示。

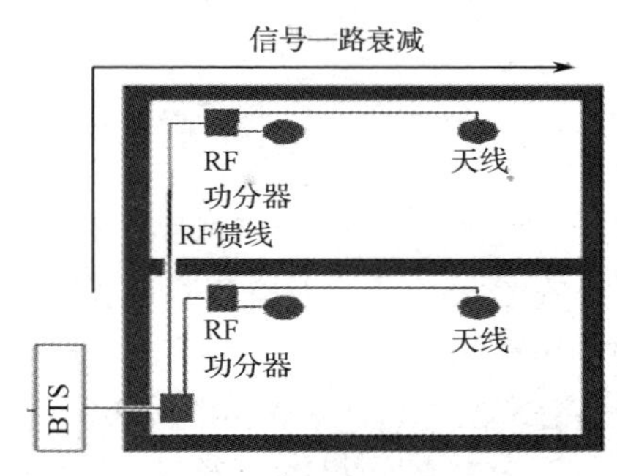

图 5-46　DAS 解决方案

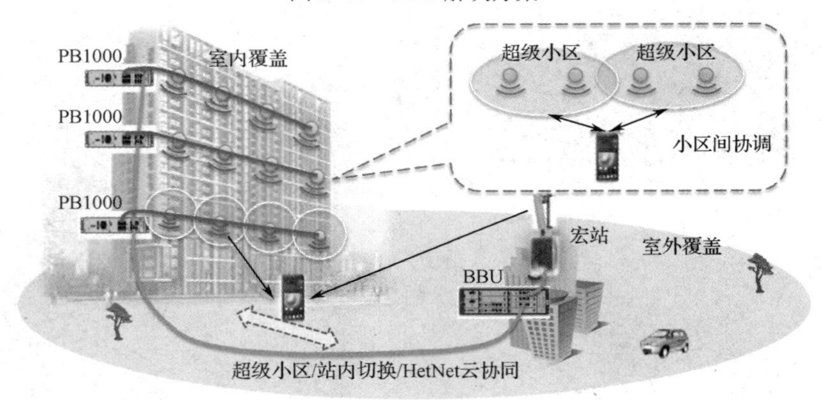

图 5-47　QCell 解决方案

4）统一网管，可视化，易管理

DAS 系统：系统网管无法管理，DAS 系统处于网络监控盲区，出了问题难以定位。

QCell 系统：与宏站统一网管，每一节点为可视化的，易管理，各楼层均有 KPI 监测，问题易定位，操作维护成本低，如图 5-48 所示。

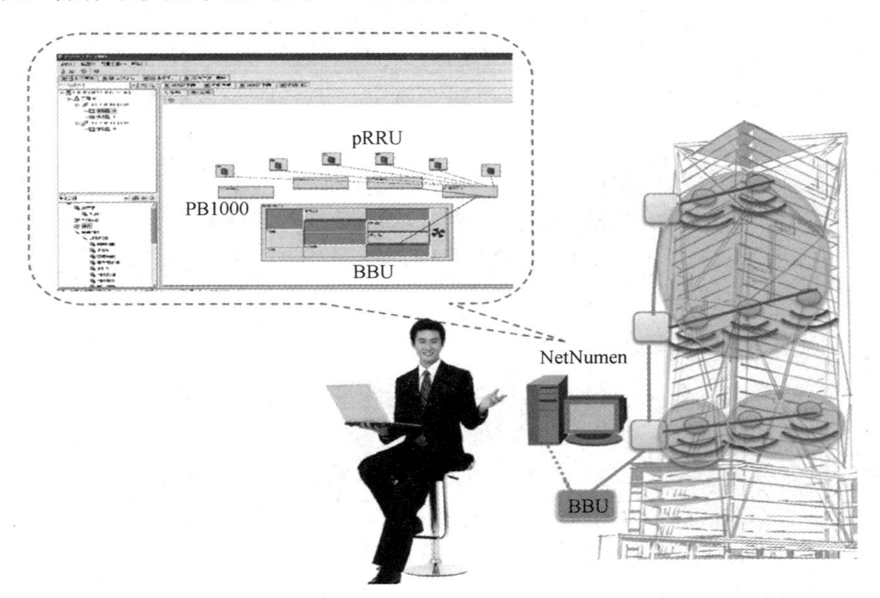

图 5-48　QCell 系统后台网管分析图

7. QCell 部署案例

1）某商场概况

（1）重庆某商场是一个集购物、餐饮、休闲、娱乐为一体的大型综合购物中心，日均人流量超过 1 万人次，周末达到 2 万人次，地下 1 层和夹层空间为停车场，地上 5 层为购物区、娱乐区、餐饮区等，如图 5-49 所示。

图 5-49　商场概况

（2）商场依地势而建，包括地下 1 层（B1 层），地上 5 层［LG（低地势）/L1（高地势）/L2/L3/L4 层］和夹层空间停车场（L2～L4 层），单体总建筑面积约 15 万平方米，外墙主体为混凝土，内墙贴有玻璃砖，在 3 个出入口处有镂空玻璃幕墙，除了 3 个出/入口位置，建筑物的其他外墙均无窗户。

（3）室内人流密集，高端用户集中，业务量大，要求同时兼顾覆盖和容量，商场物业对覆盖部署要求高，在易安装、易维护的同时要兼顾美观性和隐蔽性。

（4）商场经营业态丰富，主要包括 SM 百货、华润万家超市、万达影院、星巴克、各种餐饮、游乐区等。

2）商场主要室内覆盖场景

商场室内无线覆盖场景主要包括以下 5 个典型场景（见图 5-50）。

（1）地下停车场：B1 层。

（2）大型超市/大型百货商场：××超市，LG 层；××百货，L1/L2/L3 层。

（3）两侧商铺走道：LG/L1/L2/L3/L4 层。

（4）电影院：××影院，L4 层。

（5）夹层空间停车场：L2～L4 层夹层。

图 5-50　商场覆盖场景图

3）QCell 工程安装方案

pBridge 安装在每层楼的弱电井，通过网线连接到各个 pRRU；pRRU 采用天花板吸顶安装，或在无天花板时采用抱杆安装，如图 5-51 所示。

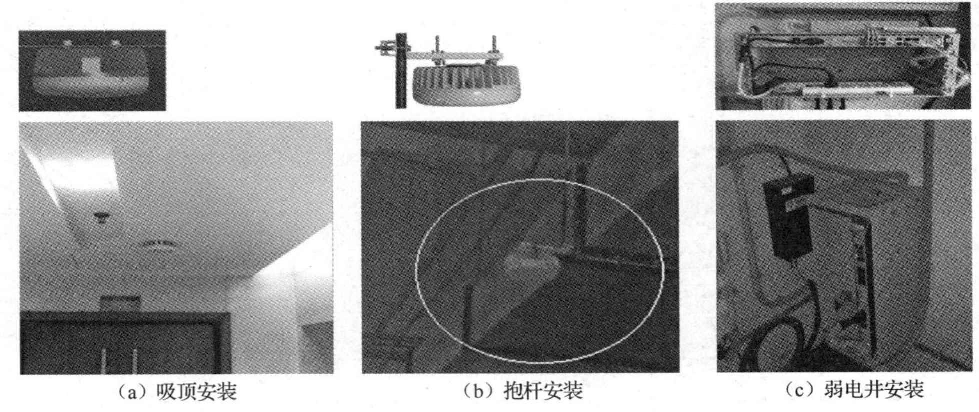

图 5-51　QCell 工程安装方案

4）QCell 部署前后整体最终效果对比（覆盖/速率）

图 5-52 所示为 QCell 部署前后对比，可以看出，RSRP 提升约 20 dB，SINR 提升约 15 dB，上、下行速率提升数倍。

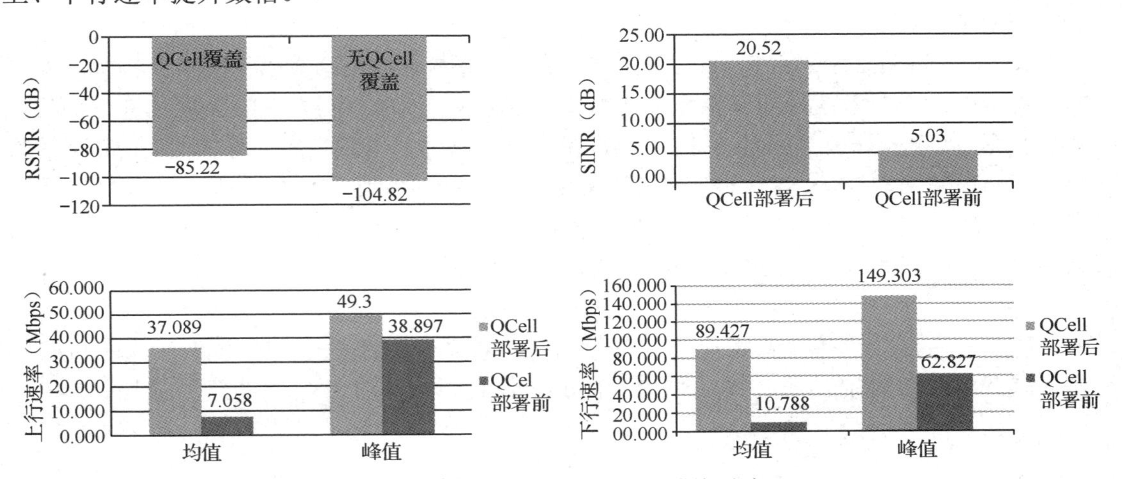

图 5-52　QCell 部署前后对比（覆盖/速率）

5.2 弱覆盖大数据分析

1. 弱覆盖定义

接收电平低于覆盖门限且影响业务质量，在 GSM 网络中，RxLev_DL 功率小于-90 dBm，或者 RSRP 小于-90 dBm 的属于弱覆盖；在 4GLTE 网络中，RSRP 小于-110 dBm 属于弱覆盖；在 5GNR 网络中，RSRP 小于-105 dBm 属于弱覆盖。具体信号覆盖强度级别如表 5-11 所示。可以看出，弱覆盖的标准对于不同的网络制式有差异。弱覆盖在语音方面会造成用户掉线、通话卡顿的问题，在数据方面会造成下载速率低、数据掉线等问题，所以弱覆盖优化是网络优化的一项基础工作。

表 5-11 信号覆盖强度级别

RSRP（dBm）	覆盖强度级别	备 注
Rx≤-105	级别 6	覆盖较差，业务基本无法发起
-105<Rx≤-95	级别 5	覆盖差，室外语音业务能够起呼，但呼叫成功率低，掉话率高；室内业务基本无法发起
-95<Rx≤-85	级别 4	覆盖一般，室外能够发起各种业务，可获得低速率的数据业务；室内呼叫成功率低，掉话率高
-85<Rx≤-75	级别 3	覆盖较好，室外能够发起各种业务，可获得中等速率的数据业务；室内能发起各种业务，可获得低速率数据业务
-75<Rx≤-65	级别 2	覆盖好，室外能够发起各种业务，可获得高速率的数据业务；室内能发起各种业务，可获得中等速率数据业务
Rx>-65	级别 1	覆盖非常好

下面对弱覆盖定义中出现的几个指标进行定义。

2. 覆盖参数

无线网络覆盖中常用的参数有 RSRP、RSSI、SINR、RSRQ 等。

1）RSRP

RSRP（Reference Signal Receive Power）是衡量系统无线网络覆盖率的重要指标，即测量频率带宽上承载参考信号的资源元素（RE）上的接收功率（单位 dBm）的线性平均值。RSRP 是可以代表无线信号强度的关键参数，是在某个符号内承载参考信号的所有 RE 上接收到的信号功率的平均值，RSRP 的值代表了每个子载波的功率值。RSRP 是一个表示接收信号强度的绝对值，在一定程度上可反映 UE 距离基站的远近，因此这个值可以用来度量小区覆盖范围大小，取值为-140～-44，单位为 dBm。计算公式为

$$\text{RSRP} = P\times\text{PathLoss}$$

式中，RSRP 为在系统接收带宽内小区参考信号接收功率的线性平均；P 为在系统接收带宽内小区参考信号发射功率的线性平均；PathLoss 为 eNB 与 UE 之间的路径损耗。

2）RSSI

RSSI（Received Signal Strength Indicator）为接收信号强度指示，指接收宽带功率，包括

在接收机脉冲成形滤波器定义的带宽内的热噪声和接收机产生的噪声。测量的参考点为 UE（用户设备）的天线端口。即 RSSI 是在这个接收到 Symbol 内的所有信号（包括导频信号和数据信号、邻区干扰信号、噪声信号等）功率的平均值。虽然也是平均值，但这里包含来自外部的干扰信号，因此通常测量的平均值比带内真正有用信号的平均值要高。

UE 探测带宽内一个 OFDM 符号所有 RE 上的总接收功率（若是 20 MHz 的系统带宽，当没有下行数据时，则为 200 个 RE 上的接收功率总和；当有下行数据时，则为 1 200 个 RE 上的接收功率总和），包括服务小区和非服务小区信号、相邻信道干扰、系统内部热噪声等。总功率为 $S+I+N$，其中，I 为干扰功率，N 为噪声功率，反映当前信道的接收信号强度和干扰程度。

3）SINR

SINR（Signal to Interference plus Noise Ratio）为信号与干扰加噪声的比值，是接收到的有用信号的强度与接收到的干扰信号（噪声和干扰）强度的比值，可以简单地理解为“信噪比”。

（1）下行 SINR 的计算。将 RB（Resource Block NR 中能够调度的最小单位，物理层数据传输的资源分配频域最小单位，时域对应 1 个 slot，频域对应 12 个连续子载波-Subcarrier）上的功率平均分配到各个 RE（Resource Element，NR 中最小的资源单元，也是承载用户信息的最小单位，时域：一个加 CP 的 OFDM 符号，频域：1 个子载波）上。下行小区特定参考信号（RS）的 SINR = RS 接收功率 /（干扰功率 + 噪声功率）= $S/(I+N)$，RS 接收功率 = RS 发射功率 × 链路损耗，干扰功率 = RS 所占的 RE 上接收到的邻小区的功率之和。

（2）上行 SINR 的计算。每个 UE 的上行 SRS（上行参考信号的一种，信道质量测量，称为 SRS）都放置在一个子帧的最后一个块中。SRS 的频域间隔为两个等效子载波。所以一个 UE 的 SRS 的干扰只来自其他 UE 的 SRS。SINR = SRS 接收功率 /（干扰功率 + 噪声功率），SRS 接收功率 = SRS 发射功率 × 链路损耗，干扰功率 = 邻小区内所有 UE 的 SRS 接收功率之和。

4）RSRQ

RSRQ 定义为小区参考信号功率相对小区所有信号功率（RSSI）的比值，衡量下行特定小区参考信号的接收质量，正常取值范围是-19.5～-3。对 NR 系统来说，当系统覆盖范围、用户数、边缘速率等网络要求确定后，基于链路预算和业务模型设定的小区参考信号 EPRE（Energy per Resource Element，下行功率控制着每个 RE 上的能量）就为一个常数，其他信道功率基于此值设定。所以，获得参考信号 RSRQ，在一定程度上就可以确定小区其他信道的 SNR（有用信号与噪声的比值，SNR=S/N）。计算公式为

$$\text{RSRQ} = \text{RSRP} \times N / \text{RSSI}$$

式中，RSRQ 为参考信号接收质量；RSRP 为参考信号接收功率；N 为下行传输中所需要的 PRB（Physical Resource Block）总数；RSSI 为载波接收信号强度指示。

3. 覆盖类问题数据分析

良好的无线覆盖是保障移动通信网络质量的前提。在无线网络优化中，第一步即进行覆盖的优化，也是非常关键的一步。路测网络涉及的覆盖问题主要分为四个方面：覆盖空洞、弱覆盖、越区覆盖和导频污染。

1）覆盖空洞

覆盖空洞是指在连片站点中间出现的完全没有无线网络信号的区域。UE 终端的灵敏度一般为-124 dBm，考虑部分商用终端与测试终端灵敏度的差异，预留 5 dB 余量，则覆盖空洞定义为 RSRP<-119 dBm 的区域。

2）弱覆盖

弱覆盖一般指有信号，但信号强度不能够保证网络能够稳定达到要求的 KPI 的情况。弱覆盖的区域定义为 UE 显示有网络但 RSRP<-115 dBm。弱覆盖区域测量示例如图 5-53 所示。

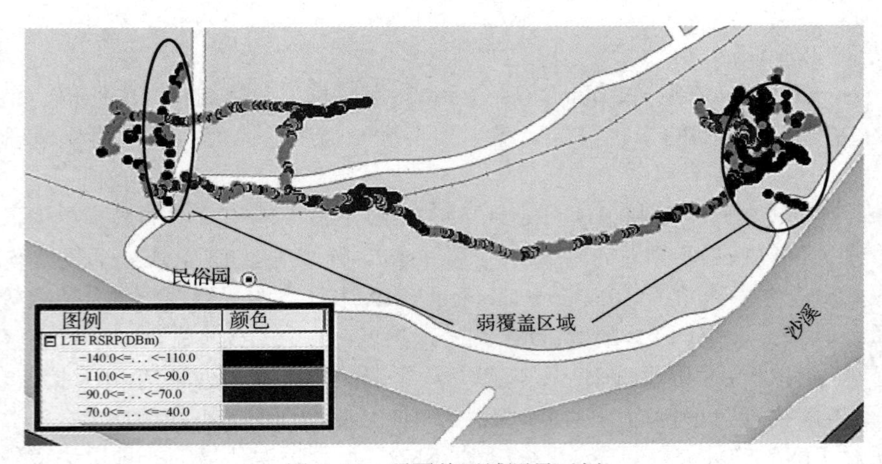

图 5-53　弱覆盖区域测量示例

3）越区覆盖

越区覆盖是指一个小区的信号出现在其周围一圈邻区及以外的区域，并且能够成为主服务小区，示意图如图 5-54 所示。当某移动设备连接到一个基站信号范围外时，由于周围区域的信号较弱，该移动设备仍然连接到相邻基站，导致通信质量下降、数据传输速度减慢或通话质量变差。

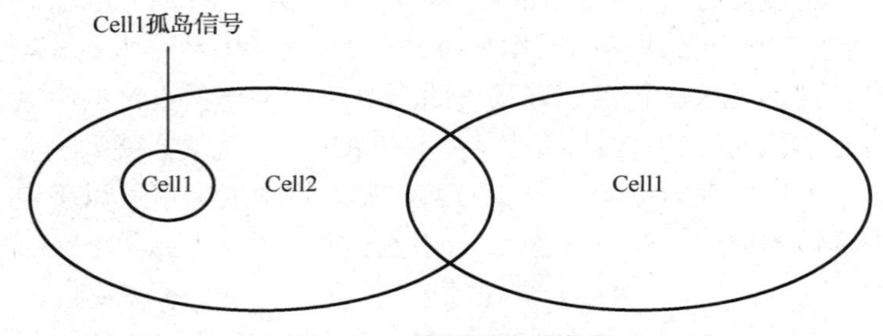

图 5-54　越区覆盖示意图

4）导频污染

某点存在过多的强导频却没有一个足够强的主导频，即定义为导频污染。

判断 NR 网络中的某点存在导频污染的条件是：

（1）RSRP>-100 dBm（天线放置车外时为-95 dBm）的小区个数大于等于 4；

（2）最强导频信号的信号强度与第 4 强导频的信号强度差值不高于 6 dBm。

4. 覆盖问题分析方法

1）覆盖问题的判断手段

（1）通过路测方式。路测分为 DT（Drive Test，路测）、CQT（Call Quality Test，呼叫质量测试）两种，DT 主要针对道路，了解“线”的连续覆盖情况；CQT 主要针对室内，了解“点”的深度覆盖情况。

（2）KPI 指标统计。主要对重定向次数及 5G/4G 向 2G/3G 高倒流比例进行统计。假如 5G 小区向 4G 小区发起重定向，一般认为是 NR 网络弱覆盖所致。

（3）MR 数据分析。通过对 MR 数据的采集、解析，可栅格化显示全网弱覆盖的区域。

（4）站点覆盖仿真。结合基站站高、方位角、下倾角、地理环境等，应用仿真工具，可仿真出现无线网络可能存在弱覆盖的区域。

2）覆盖优化的原则

（1）先优化覆盖，后优化干扰；先单站优化，后全网优化。

（2）覆盖优化的关键任务：消除弱覆盖、净化切换带、消除交叉覆盖。

（3）先优化弱覆盖、越区覆盖，再优化导频污染。

3）覆盖优化的方法

常用优化弱覆盖的方法有以下几种：

（1）新建基站；

（2）调整基站天线（如下倾角、方位角、挂高、位置）；

（3）调整 RS 的发射功率；

（4）使用射频拉远模块等。

任务 4　分析基于大数据技术的弱覆盖问题

1. 任务目的

基于路测数据进行问题路段弱覆盖分析的目的是识别和解决无线通信网络中存在的覆盖不足问题。这种分析通常涉及在实际使用场景中收集的无线网络信号强度和其他相关数据。以下是这种弱覆盖分析的主要目的。

识别覆盖不足区域：路测数据提供了实际用户在特定位置的信号质量信息。弱覆盖分析的首要目标是通过路测数据识别出网络覆盖不足的区域，即在这些区域内用户可能经常遇到信号弱、掉线等问题。

分析覆盖质量：弱覆盖分析通过路测数据分析覆盖质量，包括信号强度、信噪比、干扰等方面的参数。这有助于了解网络在不同区域的性能，特别是在边缘区域或特定地形条件下可能存在的问题。

定位问题路段：基于路测数据，可以定位存在问题的具体路段或区域，从而有针对性地进行改善。这有助于电信运营商优化网络布局，提高用户体验。

优化网络参数：弱覆盖分析可以对网络参数进行深入洞察，包括基站配置、功率控制、频率规划等。通过调整这些参数，可以提高覆盖质量，减少弱覆盖区域的出现。

提高网络性能：通过解决路测数据中识别出的问题路段，可以提高网络性能，减少用户

投诉，提高用户满意度。

网络规划决策：弱覆盖分析为网络规划决策提供数据支持。例如，在新建基站或扩容网络时，可以根据弱覆盖分析的结果选择合适的位置和参数配置。

用户体验提升：通过解决弱覆盖问题，提高覆盖质量，可以显著提升用户在特定区域的通信体验，增强用户忠诚度。

总体而言，基于路测数据进行问题路段弱覆盖分析是为了优化和提升移动通信网络的覆盖质量，确保用户在不同地理区域和使用场景中都能够获得稳定、高质量的通信服务。

2. 准备工作

1）登录

在网页输入网址，进入通信大数据分析与应用实训教学平台界面。如 http://×.×.×.×:端口号，登录系统平台。

2）申请账号

需要先申请账号，再输入用户名、密码登录，如图 5-55 所示为账号登录界面。

图 5-55　账号登录界面

登录后，选择自己的课程即可进入相关的实训任务，如图 5-56 所示。

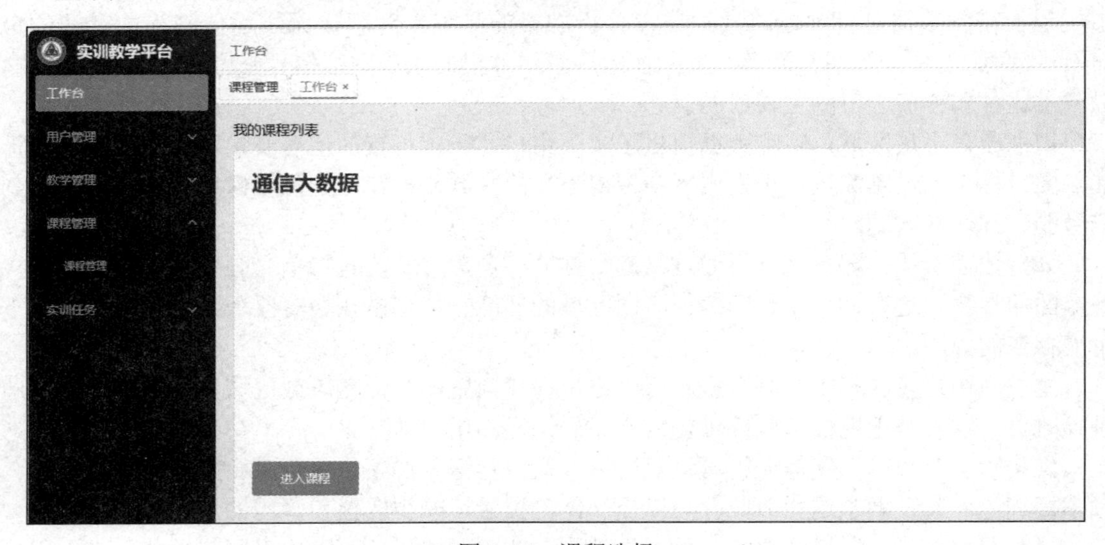

图 5-56　课程选择

3）新增项目（实训）

单击“实训任务”→“实训管理”→“新增实训”菜单命令，在打开的页面填写“实训标题”“实训周期”和“实训任务内容”等，完成新增实训，如图 5-57 所示。

实训标题：必填，只能由英文、数字、下画线组成，长度为 3～255 个字符。

实训周期、实训任务内容和关联课程：必填。

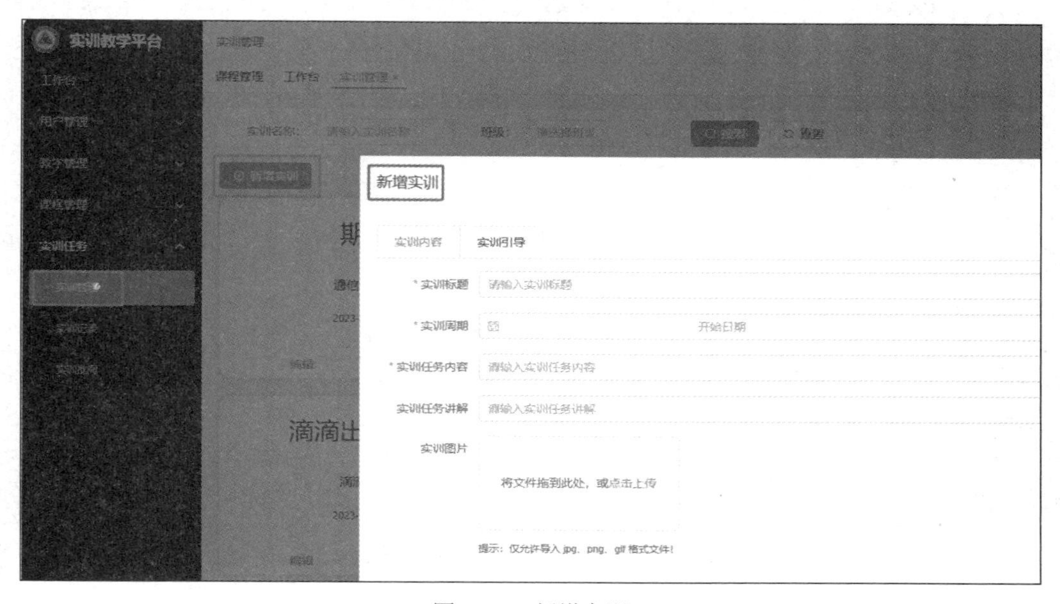

图 5-57　新增实训

4）实训任务下发（教师账号权限可操作）

根据系统菜单命令配置实训基本信息，将实训任务下发到对应班级或学生，如图 5-58 所示。

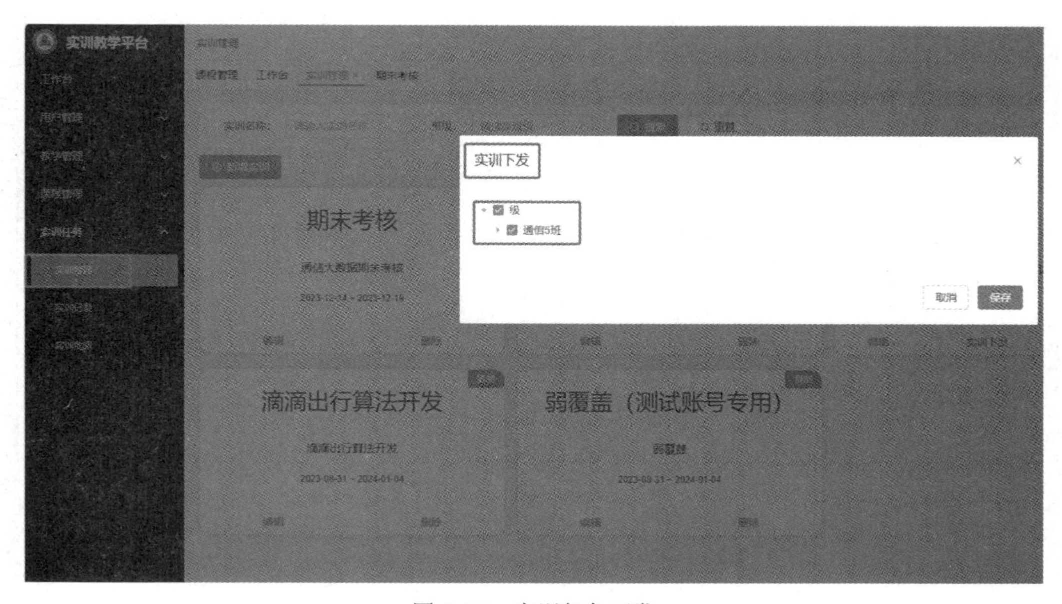

图 5-58　实训任务下发

配置实训时间要求及关联课程，指导老师、学生实训时关联对应的知识点、教材章节，如图 5-59 所示。

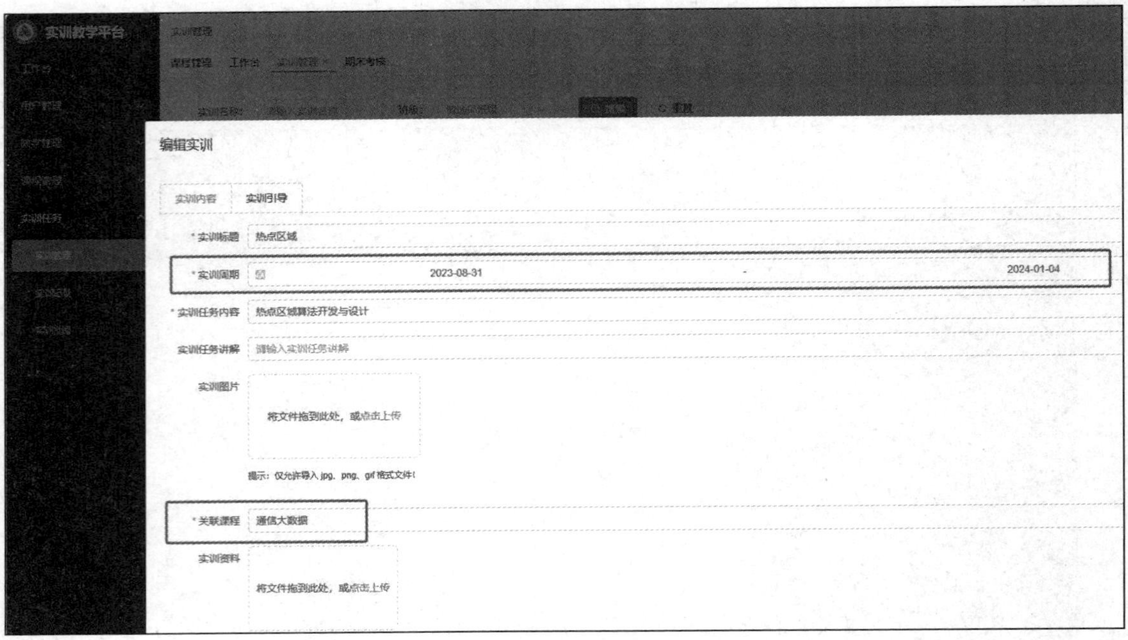

图 5-59　实训任务配置

配置调度器即申请开发环境计算资源和生产环境计算资源，如图 5-60 所示。为避免众多学生同时提交算法时资源拥塞，通过系统自动分布或排序、设置等待时长，为每个学生提交的算法进程合理分配相应的计算资源。

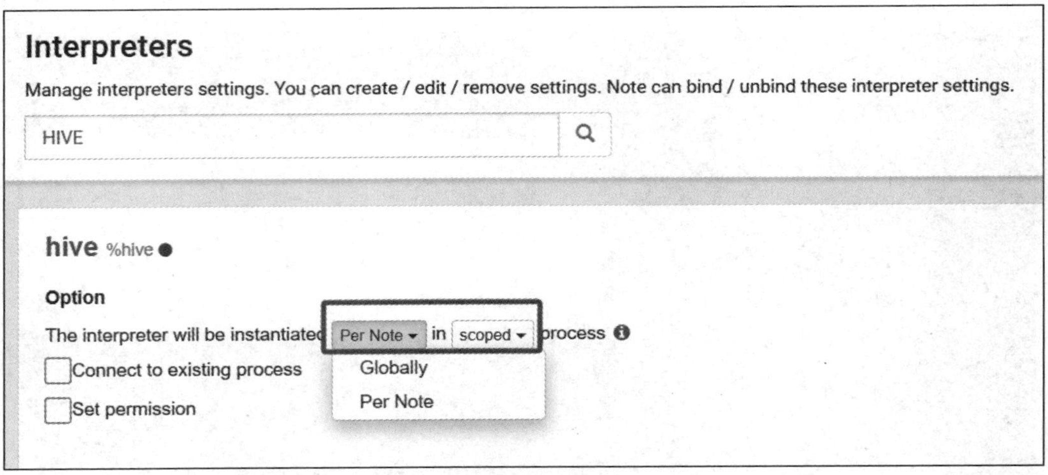

图 5-60　配置调度器

学员申请权限后，管理员端需进行学生的用户属性配置，关联相关课程和实训任务，如图 5-61 所示。

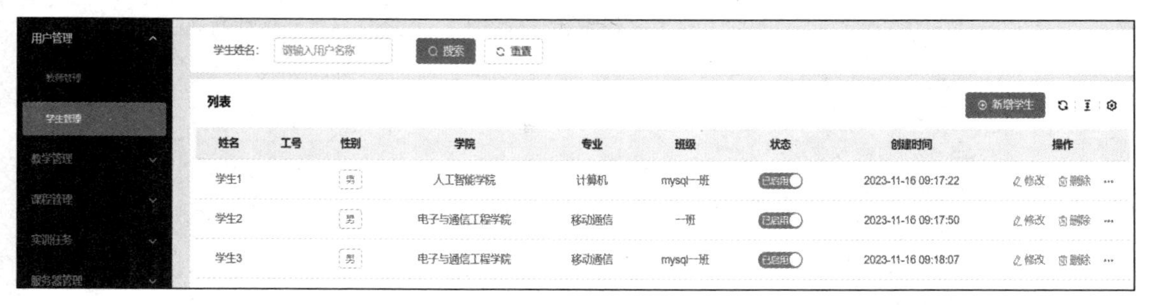

图 5-61　用户配置

3. 任务实施

1）建表

算法设计：需要建一张结果表（Hive 表），逻辑结构如图 5-62 所示。

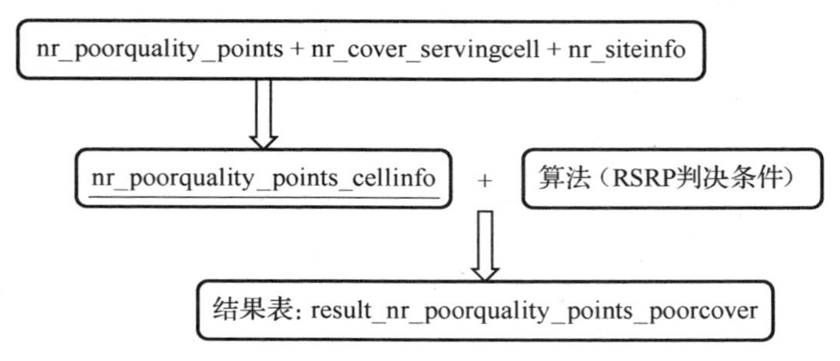

图 5-62　建结果表的逻辑结构图

结果表的表名示例：创建结果表命令如图 5-63 所示。

表名：result_nr_poorquality_points_poorcover_学号（避免在同个数据库下出现多个同样的表名，在创建表时后面需统一加上学号进行区分）。

图 5-63　创建结果表命令

2）登录可视化开发平台

通过可视化开发平台，先新建一个项目，新建项目后点击“应用开发”菜单命令，新建一个功能，通过拖拽的方式新建一张数据表，如图 5-64 所示。定义好表存储的数据库（education_tc），表名可用前面的示例格式“result_nr_poorquality_points_poorcover__学号”。

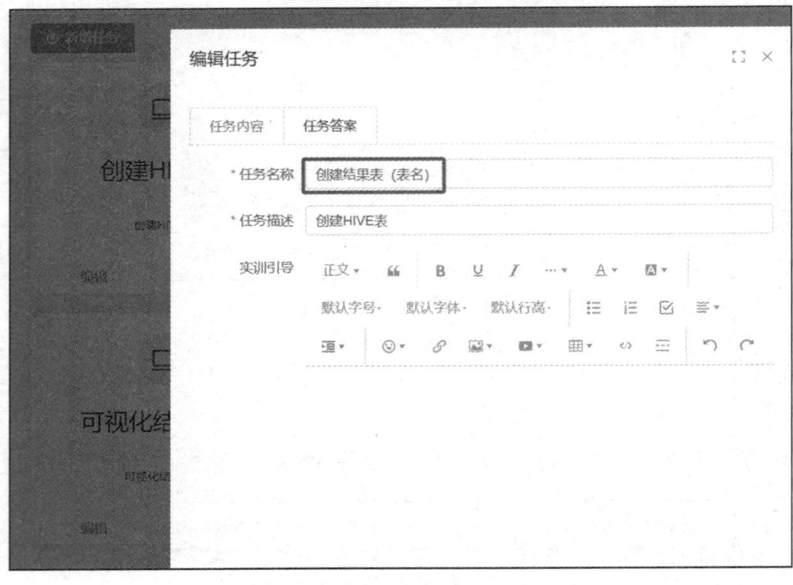

图 5-64　建数据表

点击“确定”按钮后，在可视化开发画布中可以看到新建的表，定义好表名和数据库名后，需要给这张表定义字段及字段类型。可以通过添加操作选择字段，也可以通过 DDL 建表语句来定义字段和字段类型，字段名称和字段类型必须与输入的数据表一一匹配，如图 5-65 所示。

图 5-65　通过 DDL 建表语句定义字段和字段类型

```
-- 创建中间表
CREATE TABLE if not exists 'edu_middata.mid_nr_servingcellinfo__
  ${student_name}__${student_id}'(
      dataid bigint,
      'logdate' date,
      'timestamp' timestamp,
      'segmentid' int,
      'startts' timestamp,
      'endts' timestamp,
      'startlon' double,
      'endlon' double,
      'startlat' double,
      'endlat' double,
      'duration' double,
      'distance' double,
      'servingrsrp' double,
      'servingsinr' double,
      'longitude' double,
      'latitude' double,
      'cellindex' bigint,
      'nr_pci' int,
      'nr_arfcn' int,
      'siteid' bigint,
      'sitename' string,
      'cellid' int,
      'cellname' string,
      'azimuth' int,
      'hbwd' int,
      's_lon' double,
      's_lat' double)
    PARTITIONED BY (
      'dt_day' string,
      'dt_hour' int)
;

--创建结果表
CREATE TABLE  if not exists  'edu_resdata.res_nr_pq_poorcover__
  ${student_name}__${student_id}'(
      'dataid' bigint,
      'segmentid' int,
      'startts' timestamp,
      'endts' timestamp,
      'badsample_cnt' double,
      'allsample_cnt' double,
      'bad_sercellname' string,
      'bad_serrsrp' string)
    PARTITIONED BY (
```

```
        'dt_day' string,
        'dt_hour' int)
    ;
    select * from 'edu_middata.mid_nr_servingcellinfo__${student_name}__
      ${student_id}';
    select * from  'edu_resdata.res_nr_pq_poorcover__${student_name}__
      ${student_id}';
```

注意：① 后台已提前将数据上传至建好的 Spark 原始表。

② 算法并非唯一，可以尝试更加高效的算法、语句，只要达到建表的目的即可。后面的实训课程也是如此，实现一个目标的算法并不唯一。

3）算法创建与面板配置

（1）创建算法。算法名称自定义，如 res_result_nr_bg_segments_poorcover_学号。

按照弱覆盖相关的输入/输出表进行算法设计与开发。创建算法如图 5-66 所示。

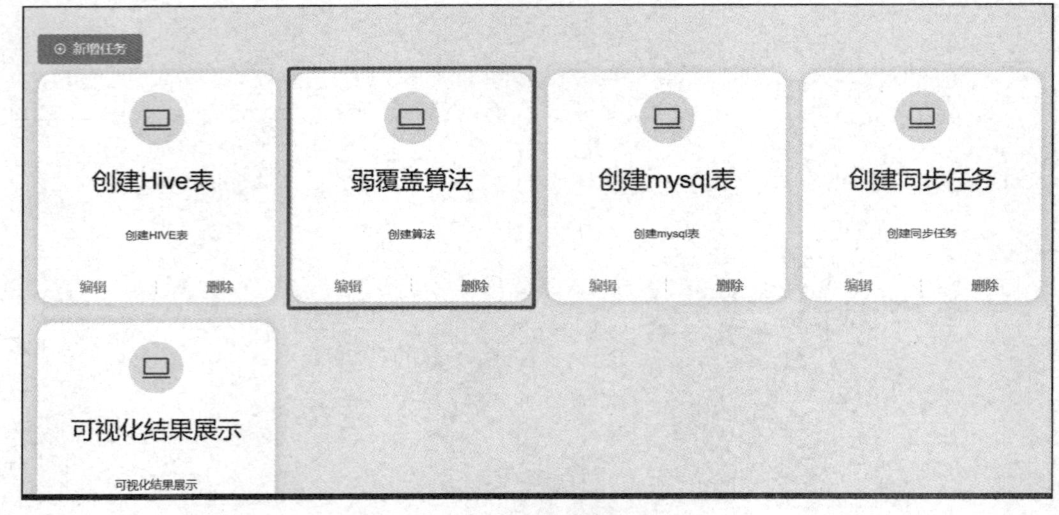

图 5-66　创建算法

（2）算法面板配置

根据学生的学号、姓名修改输入参数，如图 5-67 所示。（日期注意要加英文状态下的引号，姓名、学号参数和创建 Hive 表时参数填写要一致，否则可能出现找不到表的情况）

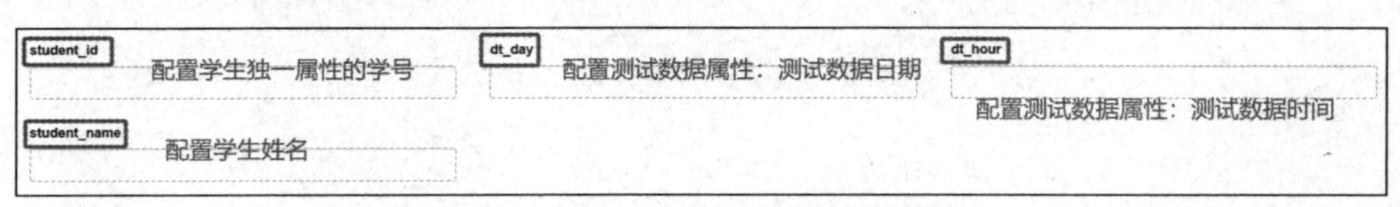

图 5-67　算法面板配置

4）数据同步

数据同步的目的：将结果数据从大数据集群 PostGre 数据库（简称 PG 库）提取弱覆盖的信息进行 BI 呈现。

数据同步是指数据完成清洗计算后，要将清洗的结果保存到后续方便查询的关系型数据库，这里主要介绍同步到 PG 库，数据同步 PG 库，也需要提前在 PG 库中新建存储清洗数据的 PG 表。

（1）在可视化开发平台中拖拽 PG 图标，创建 PG 表（见图 5-68），自定义数据库名（education_tc）和表名（自定义），同时勾选伴生算法。

图 5-68　创建 PG 表

（2）补充 mysql 创建表语句，顶端一定要加%mysql，指定代码的执行环境为 mysql，然后点击上面的三角形执行按钮，在代码无误后下方会弹出参数，如图 5-69 所示。

图 5-69　配置同步算法 01

（3）在下方弹出参数中填写学号和姓名，再次点击三角形执行按钮即可创建 mysql 表。参数应与前边保持一致，如图 5-70 所示。

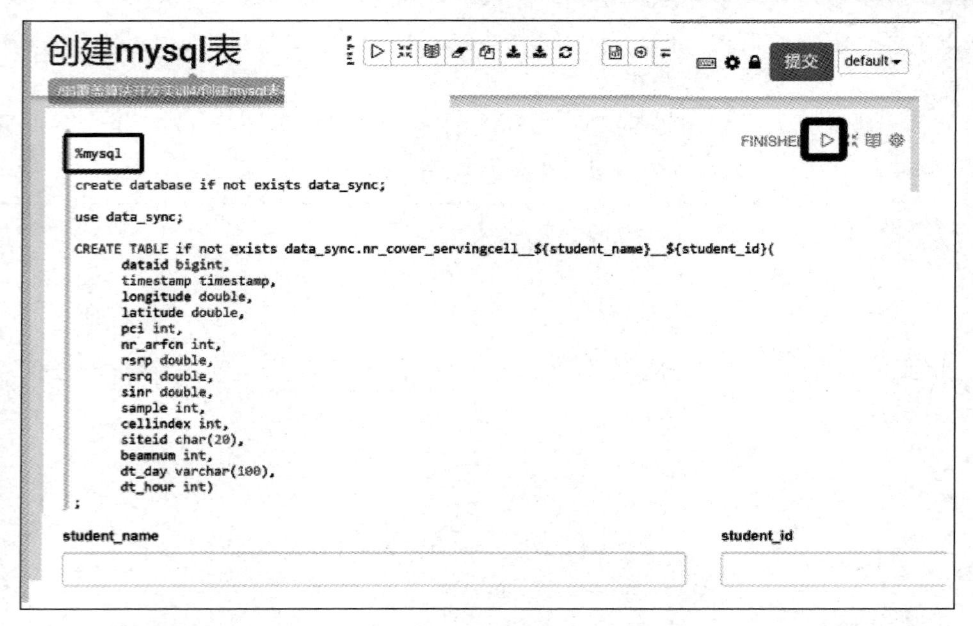

图 5-70　配置同步算法 02

5）算法调试

（1）完成参数填写后点击上方的三角形执行按钮，如图 5-71 所示。

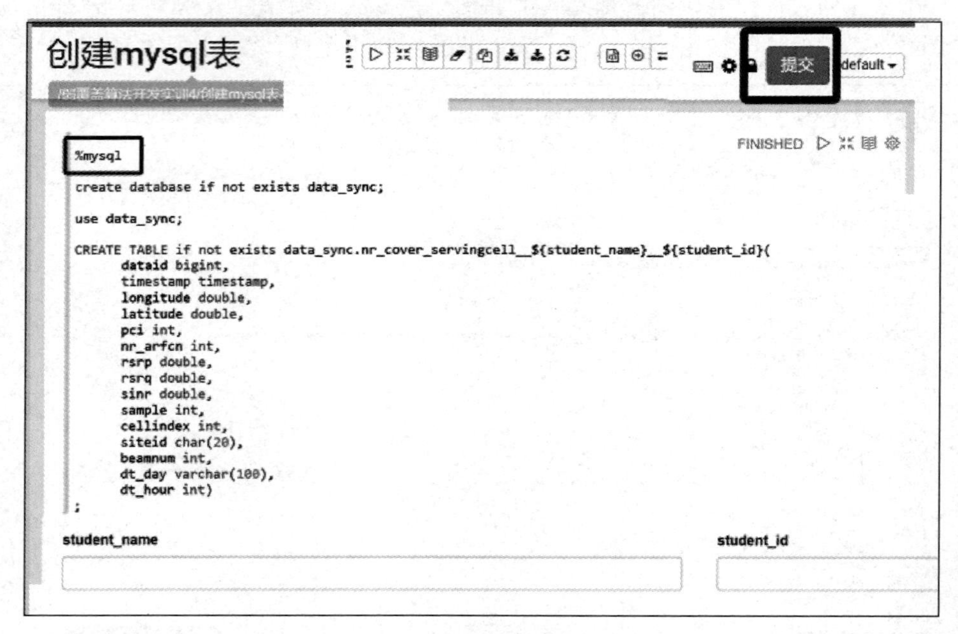

图 5-71　算法调试提交

（2）执行并查看下面的提示信息，显示“sucessfully”等字时，说明执行算法成功，如图 5-72 所示。当确认全部算法执行成功后，点击“提交”按钮将实践结果同步到管理端，以方便学生及老师查看自己的任务状态。

（3）调试算法。当执行算法报错时，可根据出现的 log 提示进行修改，直到没有错误提示信息。

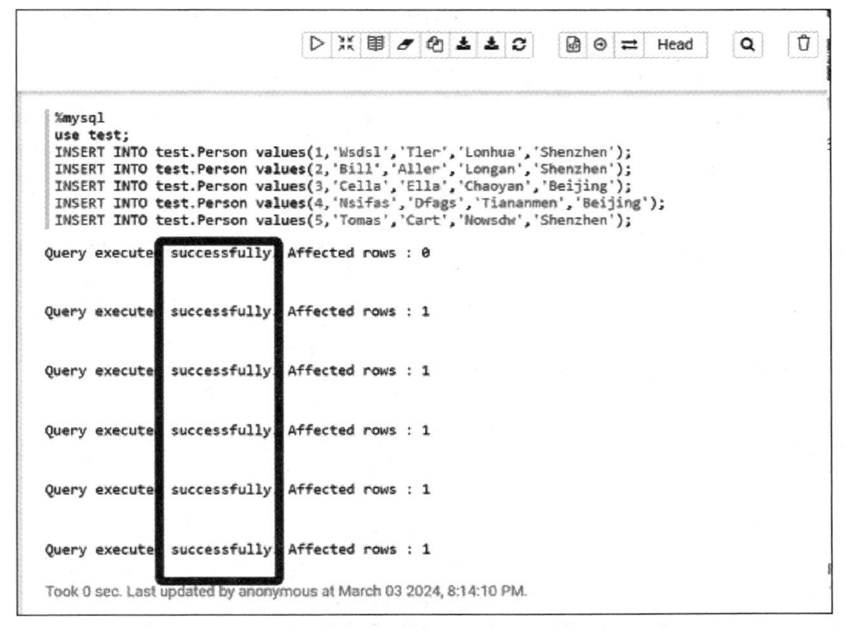

图 5-72　执行算法成功

（4）学生提交实训后，老师可以通过“实训管理”“实训批阅”等菜单命令，及时按照班级或实训任务查看学生的完成情况，包括“学生姓名”“专业”“班级”“实训名称”“开始时间”“提交时间”“状态”等列，通过点击“操作”列的按钮，跳转到批阅页面对学生的结果进行打分，并注写相关评语，如图 5-73 所示。

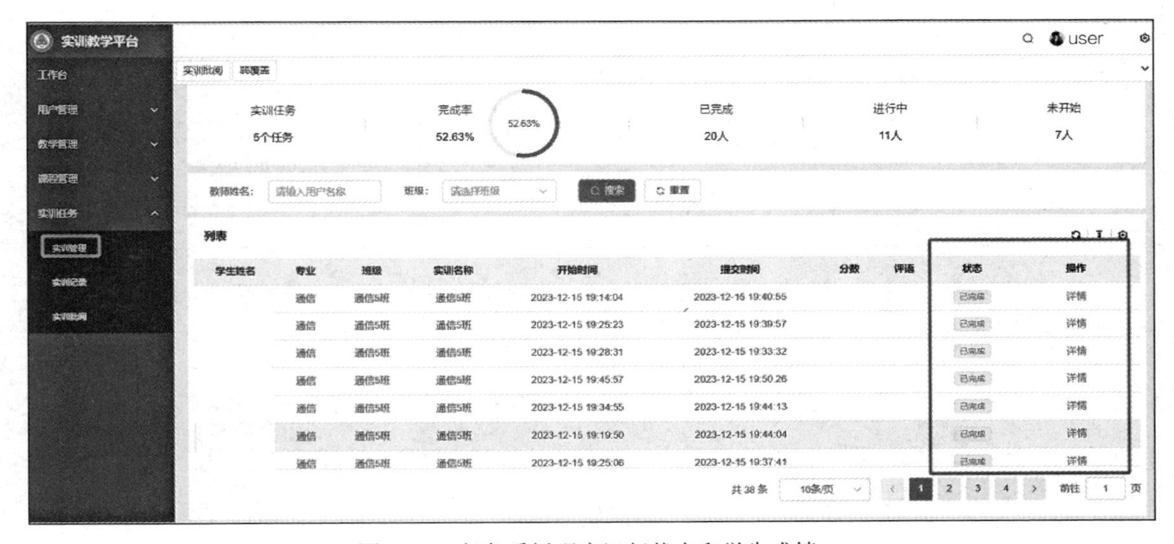

图 5-73　任务看板观察运行状态和学生成绩

（5）数据查询。通过系统菜单命令可查询结果表中的相应数据。

6）大数据算法设计

前面介绍了弱覆盖分析的知识，这里介绍如何通过算法设计和开发将弱覆盖的质差区域清洗出来，实现问题的快速定位。算法的思路和逻辑结构如图 5-62 所示。

通过质差路段中间表 nr_poorquality_points、原始采样点汇表 nr_cover_servingcell、工参表 nr_siteinfo，根据时间和小区相关性获取在质差的时间范围内所有小区的索引号 cellindex、cellname 和 siteID 等信息，生成质差路段中覆盖问题的结果表：result_nr_poorquality_points_poorcover。

7）算法开发

（1）输入 nr_poorquality_points 表。在进行弱覆盖算法设计前，可视化开发平台已经完成了质差路段的筛选并输出 nr_bq_segments_cellinfo 表；质差区域定义一般需要符合 3 个条件：

① SINR≤−3 dB；

② 路段聚合，指定区域内质差采样点比例≥80%；

③ 路段长度≥50 m。

将数据库中符合上述 3 个条件的点进行聚合，就形成了质差路段 nr_bq_segments_cellinfo 表。

表 5-12 nr_coverage_coverage 是路测的原始数据表。

表 5-12　nr_coverage_coverage

字段名称	字符类型	说　明	格　式
timestamp	bigint	记录时间戳	YYYYMMDDHHMMSS
longitude	Double	经度	—
latitude	Double	纬度	—
gridh	double	栅格高度	—
pci	int	小区索引	—
nr_arfcn	int	频点	—
rsrp	bigint	参考信号接收电平	—
rsrq	string	参考信号接收质量	—
sinr	bigint	信号与干扰加噪声比	—
siteid	int	基站 ID	—

表 5-13 nr_bq_segments_cellinfo 表是 nr_coverage 表和小区工参表聚合后形成的弱覆盖算法的输入表。

表 5-13　nr_bq_segments_cellinfo

字段名称	字符类型	说　明	格　式
dataid	bigint	数据 ID	—
segmentid	int	段 ID	—
timestamp	timestamp	时间戳	YYYYMMDDHHMMSS
longitude	double	经度	—
latitude	double	维度	—
cellindexv	bigint	小区索引	—
pci	int	小区物理 ID	—

续表

字段名称	字符类型	说 明	格 式
siteid	bigint	站点 ID	—
sitename	string	站点名称	—
cellid	int	小区 ID	—
servingrsrp	double	服务小区 RSRP	—

（2）编写弱覆盖算法。可视化开发平台对弱覆盖的定义是 RSRP 小于-105 dBm，通过 SQL 算法对输入表 nr_bq_segments_cellinfo 中 RSRP 小于-105 dBm 的点进行聚合筛选，得到输出表 result_nr_bq_segments_cellinfo，就是满足弱覆盖的质差路段。

（3）同步算法将结果表推送到 PG 库。

数据同步的目的：可以通过 SKA 工具从 PG 库提取弱覆盖信息进行 BI 呈现。

数据同步是指数据完成清洗计算后，要将清洗的结果保存到后续方便查询的关系型数据库，这里主要介绍同步到 PG 数据库。数据同步到 PG 库，需要提前在 PG 库中新建存储清洗数据的 PG 表。

8）算法实现

下面对质差区域弱覆盖原因分析案例中一些关键的算法进行展示和简单说明。

```
-- 创建中间表
CREATE TABLE if not exists 'edu_middata.mid_nr_servingcellinfo__
  ${student_name}__${student_id}'(
      dataid bigint,
      'logdate' date,
      'timestamp' timestamp,
      'segmentid' int,
      'startts' timestamp,
      'endts' timestamp,
      'startlon' double,
      'endlon' double,
      'startlat' double,
      'endlat' double,
      'duration' double,
      'distance' double,
      'servingrsrp' double,
      'servingsinr' double,
      'longitude' double,
      'latitude' double,
      'cellindex' bigint,
      'nr_pci' int,
      'nr_arfcn' int,
      'siteid' bigint,
      'sitename' string,
      'cellid' int,
      'cellname' string,
```

```
        'azimuth' int,
        'hbwd' int,
        's_lon' double,
        's_lat' double)
      PARTITIONED BY (
        'dt_day' string,
        'dt_hour' int)
;
--创建结果表
CREATE TABLE  if not exists  'edu_resdata.res_nr_pq_poorcover__
  ${student_name}__${student_id}'(
        'dataid' bigint,
        'segmentid' int,
        'startts' timestamp,
        'endts' timestamp,
        'badsample_cnt' double,
        'allsample_cnt' double,
        'bad_sercellname' string,
        'bad_serrsrp' string)
      PARTITIONED BY (
        'dt_day' string,
        'dt_hour' int)
;
select * from 'edu_middata.mid_nr_servingcellinfo__${student_name}__
  ${student_id}';
select * from  'edu_resdata.res_nr_pq_poorcover__${student_name}__
  ${student_id}';
%hive
--先判断临时表是否存在，若存在应先删除，然后创建质差路段临时表（edu_tmpdata 为临时
  库，t${student_id}为我的编号）。
drop table if exists edu_tmpdata.temp_nr_pq_t${student_id};
create table edu_tmpdata.temp_nr_pq_t${student_id} as
select *
from edu_odsdata.nr_poorquality_points
where dt_day=${dt_day}
  and dt_hour=${dt_hour}
;
--先判断临时表是否存在，若存在应先删除，然后创建工参临时表（edu_tmpdata 为临时库，
  t${student_id}为我的编号）。
drop table if exists edu_tmpdata.temp_nr_siteinfo_t${student_id};
create table edu_tmpdata.temp_nr_siteinfo_t${student_id} as
select *
from edu_odsdata.nr_siteinfo
where dt_day=${dt_day}
  and dt_hour=${dt_hour}
;
--先判断临时表是否存在，若存在应先删除，然后创建采样临时表（edu_tmpdata 为临时库，
  t${student_id}为我的编号）。
```

```
drop table if exists edu_tmpdata.temp_nr_cover_servingcell_
  t${student_id};
create table edu_tmpdata.temp_nr_cover_servingcell_t${student_id} as
select *
from edu_odsdata.nr_cover_servingcell
where dt_day=${dt_day}
  and dt_hour=${dt_hour}
;
--先判断临时表是否存在，若存在应先删除，然后合并质差路段信息和采样点信息并创建合并的
  临时表（edu_tmpdata 为临时库，t${student_id}为我的编号）。
drop table if exists edu_tmpdata.temp_pq_servingcell_t${student_id};
create table edu_tmpdata.temp_pq_servingcell_t${student_id} as
select
    t1.dataid,
    t1.logdate,
    t2.'timestamp',
    t1.segmentid,
    t1.startts,
    t1.endts,
    t1.startlon,
    t1.endlon,
    t1.startlat,
    t1.endlat,
    t1.duration,
    t1.distance,
    t2.cellindex,
    t2.rsrp servingrsrp,
    t2.sinr servingsinr,
    t2.longitude,
    t2.latitude
from edu_tmpdata.temp_nr_pq_t${student_id} t1
left join edu_tmpdata.temp_nr_cover_servingcell_t${student_id} t2 on
  t1.dataid=t2.dataid
where t2.'timestamp'>=t1.startts and t1.endts>=t2.'timestamp'
;
--合并质差路段信息和采样点信息、工参信息，然后一起写入中间表中（edu_middata 为中间
层数据库，t${student_id}为我的编号）。
insert overwrite table edu_middata.mid_nr_servingcellinfo__
  ${student_name}__${student_id} partition(dt_day=${dt_day},dt_hour=
  ${dt_hour})select
    t1.dataid,
    t1.logdate,
    t1.'timestamp',
    t1.segmentid,
    t1.startts,
    t1.endts,
    t1.startlon,
    t1.endlon,
```

```
    t1.startlat,
    t1.endlat,
    t1.duration,
    t1.distance,
    t1.servingrsrp,
    t1.servingsinr,
    t1.longitude,
    t1.latitude,
    t1.cellindex,
    t2.nr_pci,
    t2.nr_arfcn,
    t2.siteid,
    t2.sitename,
    t2.cellid,
    t2.cellname,
    t2.azimuth,
    t2.hbwd,
    t2.longitude as s_lon,
    t2.latitude as s_lat
from edu_tmpdata.temp_pq_servingcell_t${student_id} t1
left join edu_tmpdata.temp_nr_siteinfo_t${student_id} t2 on t1.dataid=
  t2.dataid and t2.cellindex=t1.cellindex
;
--先判断临时表是否存在，若存在应先删除，然后取出中间表指定时间的数据作为临时表
  （edu_tmpdata 为临时库，t${student_id}为我的编号）。
drop table if exists edu_tmpdata.temp_nr_bq_segments_cellinfo_
  t${student_id};
create table edu_tmpdata.temp_nr_bq_segments_cellinfo_t${student_id} as
select *
from edu_middata.mid_nr_servingcellinfo
where dt_day=${dt_day}
  and dt_hour=${dt_hour}
;
--通过中间表数据计算满足弱覆盖门限的采样点个数，并与路段总采样点个数对比，大于 80%出
  现 RSRP-105 则说明弱覆盖导致质差。
drop table if exists edu_tmpdata.temp_bad80_t${student_id};
create table edu_tmpdata.temp_bad80_t${student_id} as
select
    dataid,
    segmentid,
    startts,
    endts,
    sum(case when servingrsrp<=-105 then 1 else 0 end) as badsample_cnt,
    sum(1) as allsample_cnt
from edu_tmpdata.temp_nr_bq_segments_cellinfo_t${student_id}
group by dataid,segmentid,startts,endts
having badsample_cnt/allsample_cnt>0.8
;
```

```
--通过中间表数据处理每个问题路段覆盖的主服务小区下的平均信号质量，RSRP 取整保留并转
  换为字符串，后面合并需要格式为字符串。
drop table if exists edu_tmpdata.temp_cellavgrsrp_t${student_id};
create table edu_tmpdata.temp_cellavgrsrp_t${student_id} as
select
    dataid,
    segmentid,
    cellname,
    string(round(avg(servingrsrp),0)) as avg_rsrp
from edu_tmpdata.temp_nr_bq_segments_cellinfo_t${student_id}
group by dataid,segmentid,cellname
;
--合并满足弱覆盖条件的小区及平均 RSRP 信息，写入结果表中（edu_resdata 为结果层数据
  库，t${student_id}为我的编号）
insert overwrite table edu_resdata.res_nr_pq_poorcover__
  ${student_name}__${student_id} partition(dt_day=${dt_day},dt_hour=
  ${dt_hour})select
    t1.dataid,
    t1.segmentid,
    t1.startts,
    t1.endts,
    t1.badsample_cnt,
    t1.allsample_cnt,
    concat_ws("#",collect_list(t2.cellname)) as bad_sercellname,
    concat_ws("#",collect_list(t2.avg_rsrp)) as bad_serrsrp
from edu_tmpdata.temp_bad80_t${student_id} t1
left join edu_tmpdata.temp_cellavgrsrp_t${student_id} t2 on t1.dataid=
  t2.dataid and t1.segmentid=t2.segmentid
group by t1.dataid,t1.segmentid,t1.startts,t1.endts,t1.badsample_cnt,
  t1.allsample_cnt
;
%mysql
create database if not exists data_sync;
use data_sync;
CREATE TABLE if not exists data_sync.nr_cover_servingcell__
  ${student_name}__${student_id}(
       dataid bigint,
       timestamp timestamp,
       longitude double,
       latitude double,
       pci int,
       nr_arfcn int,
       rsrp double,
       rsrq double,
       sinr double,
       sample int,
       cellindex int,
       siteid char(20),
```

```
        beamnum int,
        dt_day varchar(100),
        dt_hour int)
;
-- 创建中间表
CREATE TABLE if not exists data_sync.mid_nr_servingcellinfo__
  ${student_name}__${student_id}(
        dataid bigint,
        logdate date,
        timestamp varchar(100),
        segmentid int,
        startts varchar(100),
        endts varchar(100),
        startlon double,
        endlon double,
        startlat double,
        endlat double,
        duration double,
        distance double,
        servingrsrp double,
        servingsinr double,
        longitude double,
        latitude double,
        cellindex bigint,
        nr_pci int,
        nr_arfcn int,
        siteid bigint,
        sitename varchar(100),
        cellid int,
        cellname varchar(100),
        azimuth int,
        hbwd int,
        s_lon double,
        s_lat double,
        dt_day varchar(100),
        dt_hour int)
;
--创建结果表
CREATE TABLE if not exists data_sync.res_nr_pq_poorcover__
  ${student_name}__${student_id}(
        dataid bigint,
        segmentid int,
        startts varchar(100),
        endts varchar(100),
        badsample_cnt double,
        allsample_cnt double,
        bad_sercellname varchar(100),
        bad_serrsrp char(22),
```

```
        dt_day char(22),
        dt_hour int);
select * from data_sync.nr_cover_servingcell__${student_name}__
  ${student_id};
select * from data_sync.res_nr_pq_poorcover__${student_name}__
  ${student_id};
--同步算法
dbname=${dbname}
tablename=${tablename}
name=${student_name}
id=${student_id}
cc=$name\_$id
rm -rf /data/tmp_data/$cc/*
mkdir -p /data/tmp_data/$cc/
beeline -u jdbc:hive2://hadoop2:10000 -n hdfs --verbose=true
  --outputformat=csv2 -e "select * from ${dbname}.${tablename};" |
  sed "s/'//g" >> /data/tmp_data/$cc/${tablename}.csv
mysql -uroot -p123456 -e "delete from data_sync.${tablename}_$cc;commit;"
  2>/dev/null
/home/szzs_server/mysql/bin/mysql -hhadoop3 -uroot -p123456 -e "delete
  from data_sync.${tablename}_$cc;commit;"
/home/szzs_server/mysql/bin/mysql -hhadoop3 -uroot -p123456 -e "load data
  infile '/data/tmp_data/$cc/${tablename}.csv' into table data_sync.
  ${tablename}_$cc FIELDS TERMINATED BY ',' LINES TERMINATED BY '\n' IGNORE
  1 ROWS;commit;"
echo "表 ${tablename}_$cc 数据同步 mysql 已完成 方向 hive 表 >> mysql 表!!! "
```

注意：上面的算法并不唯一，可以通过查阅文献资料等尝试更高效的算法和语句，只要达到建表的目的即可，在后续的实训项目中也是如此，目标可通过多种算法来实现。

4. 任务报告

（1）输出算法；
（2）输出结果表；
（3）结果的 BI 展示。

5.3 切换问题大数据理论基础

5.3.1 移动性管理

移动性管理（Mobile Management，MM）是对移动终端位置信息、安全性及业务连续性方面的管理，努力使终端与网络的联系状态达到最佳，进而为各种网络服务的应用提供保证。

从图 5-74 可以看出，NR 移动性分为 NSA 场景和 SA 场景，NSA 场景又分为站内 PSCell 变更和站间 PSCell 变更，SA 场景根据 UE 的状态分为连接态和空闲态两部分，其中连接态又可根据执行的流程分为切换和重定向。

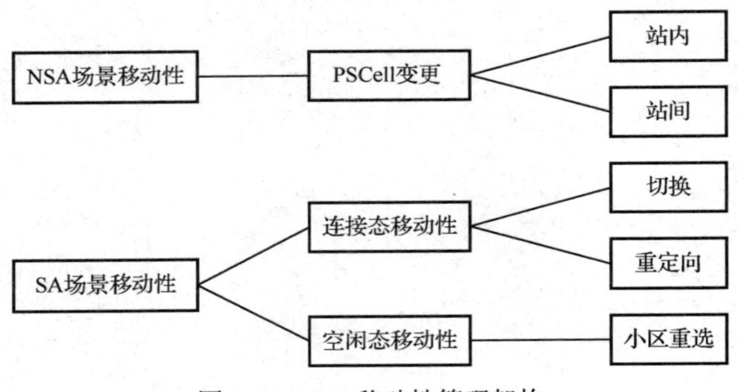

图 5-74　NR 移动性管理架构

1. NSA 移动性管理

1）NSA 场景下 PSCell 变更全流程

在 NSA 场景下，当终端从一个 NR 小区移动到另一个 NR 小区时，为保证业务的连续性，触发 UE 进行 PSCell 变更。

图 5-75 是一个 EN-DC UE 终端从 NR 覆盖边缘到 5G 热点区域再到 NR 覆盖边缘移动的全流程，首先在 NR 边缘 UE 终端发起接入，当 UE 终端移动到 SgNB#1 站点边缘时，UE 终端发起 SN 添加（SgNB Addition）；当 UE 终端移动到 SgNB#1 站点和 SgNB#2 站点交界处时，UE 发起 SN 变更（SgNB Change）；当 UE 移动到 MeNB#1 站点和 MeNB#2 站点的交界处时，UE 发起 PCell 切换；当 UE 终端移动到 SgNB#2 站点边缘时，UE 发起 SN 释放（SgNB Rlease）；当 UE 终端移动到 MeNB#2 站点边缘时，UE 终端发生掉线现象。

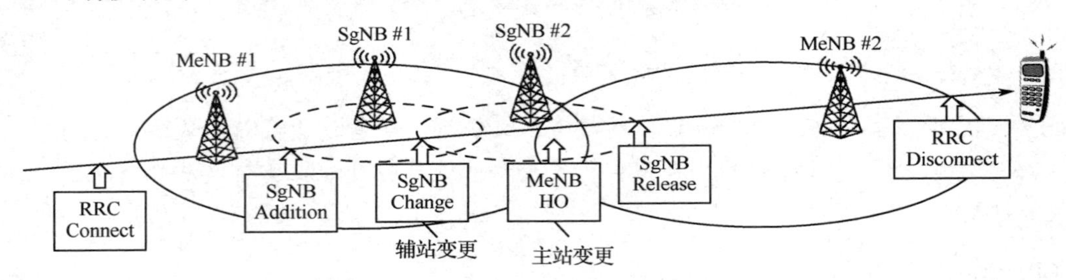

图 5-75　NSA 场景下 PSCell 变更全流程

（1）NSA 场景下，对于 EN-DC（EUTRA NR Dual-Connectivity）UE，NR eNB 为主站，NR gNB 为辅站，邻小区切换称为主站（PCell）切换，小区内切换称为辅站（PSCell）变更。

（2）gNB 的测量控制模块产生的测量控制信息通过 X2 口传递给 eNB，由 eNB 下发给 UE。

（3）UE 将测量结果上报给 eNB，eNB 通过 X2 口将测量报告传递给 gNB 进行 PSCell 变更流程。

2）PSCell 变更类型

NSA 场景下 PSCell 变更类型如图 5-76 所示。

（1）PSCell 的站内变更，指 PSCell 变更为 Secondary gNodeB（SgNB）站内的其他小区，即 SgNB Modification 流程。

（2）PSCell 的站间变更，指 PSCell 变更为其他 SgNB 的小区，即 SCG Change 流程。

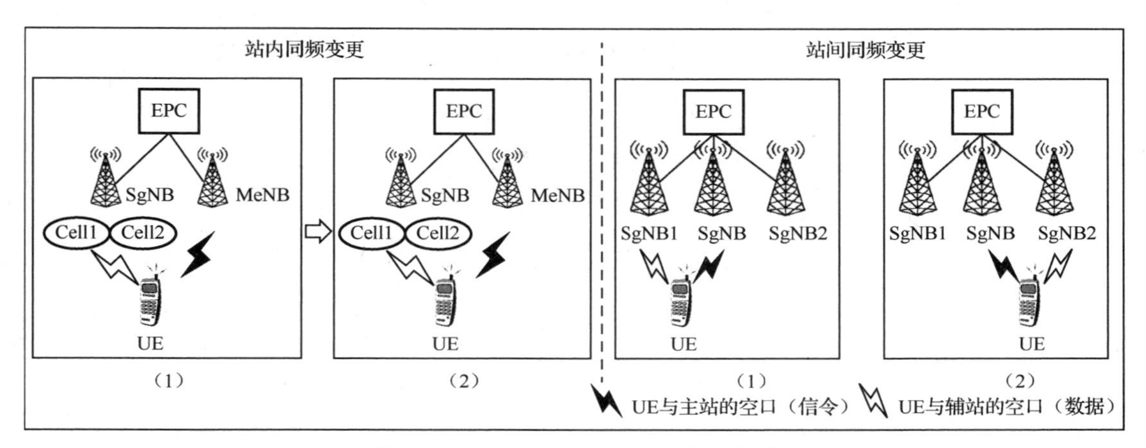

图 5-76　NSA 场景下 PSCell 变更类型

3）PSCell 变更算法流程

NSA 场景下 PSCell 变更算法流程如图 5-77 所示。

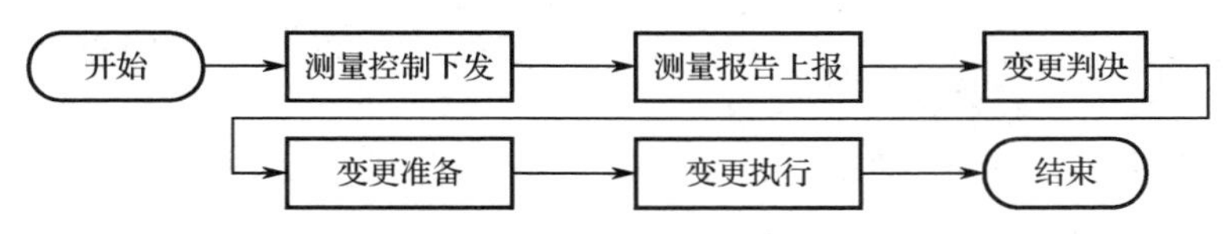

图 5-77　NSA 场景下 PSCell 变更算法流程

测量控制下发：测量参数及事件由 gNB 产生，通过 eNB 下发给 UE。

测量报告上报：UE 根据测量结果进行测量事件的判决，若满足事件要求，触发测量报告上报。

变更判决：判决测量报告中小区的有效性。

变更准备：向目标小区发起变更准备过程。

变更执行：执行变更流程。

2. SA 移动性管理

1）SA 连接态移动性管理

连接态移动性管理通常简称为切换，基于连续覆盖网络，当 UE 移动到小区覆盖边缘，服务小区信号质量变差，邻区信号质量变好时，触发基于覆盖的切换，可以有效防止由于小区的信号质量变差造成的掉话。SA 组网场景下连接态切换流程如图 5-78 所示。

（1）触发环节：判断触发原因并确定处理模式。

测量触发的启动因素包括是否配置邻频点、服务小区的信号质量。

处理模式可选择如下模式：

测量模式：对候选目标小区信号质量进行测量，根据测量报告生成目标小区列表的过程。

盲模式：不对候选目标小区信号质量进行测量，直接根据相关优先级参数的配置生成目标小区或目标频点列表的过程。采用这个方式时 UE 在邻区接入失败的风险较高，因此一般情况下不采用，仅在必须尽快发起切换时才采用。

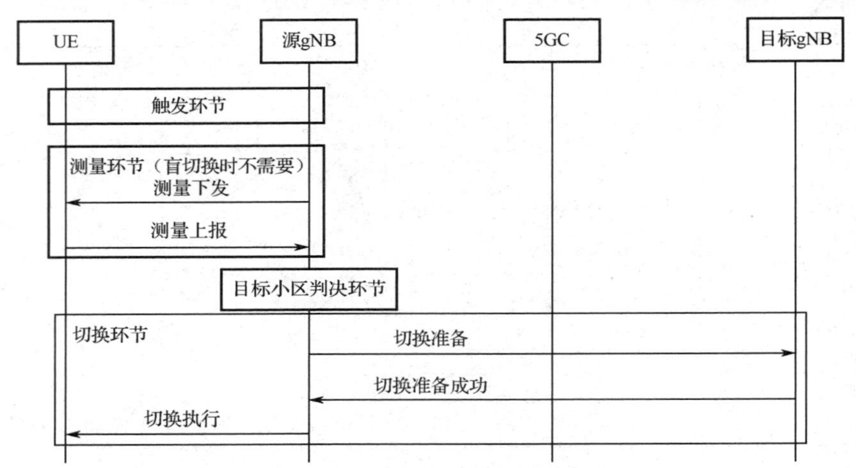

图 5-78　SA 组网场景下连接态切换流程

（2）测量环节：包括测量下发和测量上报。

① 测量控制下发。

在 UE 建立无线承载后，gNB 会根据切换功能的配置情况，通过 RRC Connection Reconfiguration 给 UE 下发测量配置消息。

在 UE 处于连接态或完成切换后，若测量配置消息有更新，gNB 也会通过 RRC Connection Reconfiguration 下发新的测量配置消息。

测量对象：包括测量系统、测量频点、测量小区等信息，用于指示 UE 对哪些小区或频点进行信号质量的测量。

报告配置：包括测量事件和事件上报的触发量等信息，指示 UE 在满足什么条件时上报测量报告，以及按照什么标准上报测量报告。

其他配置：包括测量 GAP、测量滤波等。

② 测量报告上报。

UE 收到 gNB 下发的测量配置消息后，按照指示执行测量。当满足上报条件后，UE 将测量报告上报给 gNB。

（3）判决环节：gNB 根据 UE 上报的测量结果进行判决，决定是否触发切换。

① 测量报告的处理：gNB 按照先进先出的方式（先上报先处理），对收到的测量报告进行处理，生成候选小区或候选频点列表。

② 切换策略的确定：指 gNB 根据当前的服务小区变更到新的服务小区的流程方式选择切换还是重定向。

- 切换指将业务从原服务小区变更到目标小区，保证业务连续性的过程，当前仅支持基于覆盖的切换。
- 重定向指 gNB 直接释放 UE，并指示 UE 在某个频点选择小区接入的过程。

③ 目标小区或目标频点列表的生成。

根据测量模式或盲模式生成候选小区列表或候选频点列表：

- 测量模式。在测量模式下 gNB 直接根据测量报告生成候选小区或候选频点列表。
- 盲模式。不对候选目标小区信号质量进行测量，直接根据相关优先级（系统优先级、邻区优先级、频点优先级）的参数配置顺序生成候选小区和候选频点列表。

根据候选列表及邻区过滤规则生成目标列表：

- 过滤掉黑名单小区；
- 过滤掉不同运营商的小区；
- 过滤掉 UE 不支持的频点或小区。

（4）切换环节：gNB 根据判决结果，控制 UE 切换到目标小区，完成切换。如图 5-79 所示为 SA 组网场景下的切换信令流程。

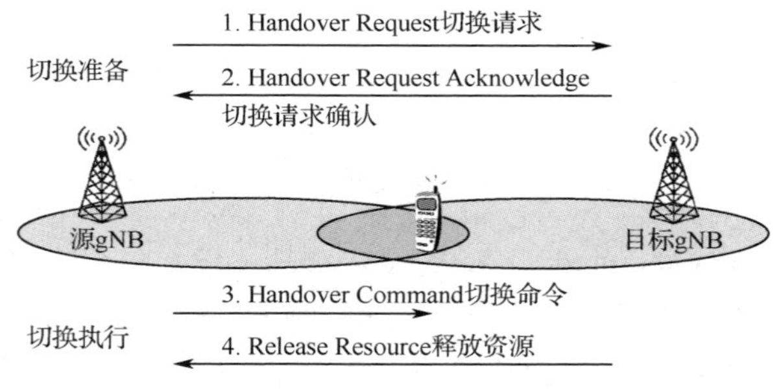

图 5-79　SA 组网场景下切换信令流程

① 切换准备：

- 源 gNB 向目标 gNB 发起切换请求消息（Handover Request 或 Handover Required）。
- 如果目标 gNB 准入成功，目标 gNB 返回响应消息（Handover Request Acknowledge 或 Handover Command）给源 gNB，则源 gNB 认为切换准备成功，执行切换；否则，目标 gNB 返回切换准备失败消息（Handover Preparation Failure）给源 gNB，源 gNB 认为切换准备失败，等待下一次测量报告上报时再发起切换。

② 切换执行：源 gNB 进行切换执行判决。

- 若判决执行切换，源 gNB 下发切换命令给 UE，UE 执行切换和数据转发。
- UE 向目标小区切换成功后，目标 gNB 返回 Release Resource 消息给源 gNB，源 gNB 释放资源。

③ 重定向策略的切换执行。

当切换策略为重定向时，gNB 将在过滤后的目标频点列表中选择优先级最高的频点，在 RRC Connection Release 消息中发给 UE，如图 5-80 所示。

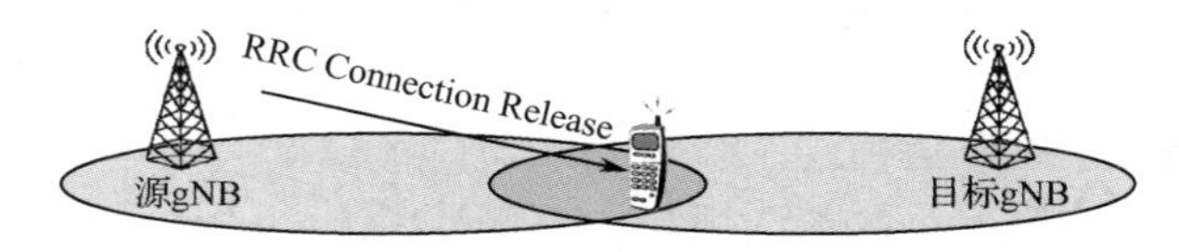

图 5-80　SA 组网场景下重定向策略的切换执行

2）SA 空闲态移动性管理

（1）小区选择规则（S 准则），如图 5-81 所示。

当 UE 从连接态转移到空闲态时，需要进行小区选择，选择一个 Suitable Cell 驻留。

① S_{RXlev}：Cell selection RX level value（dB），小区选择接收值。

② $Q_{\mathrm{RXlevemeas}}$：Measured cell RX level value（RSRP），测量到小区接收信号的电平值，即 RSRP。

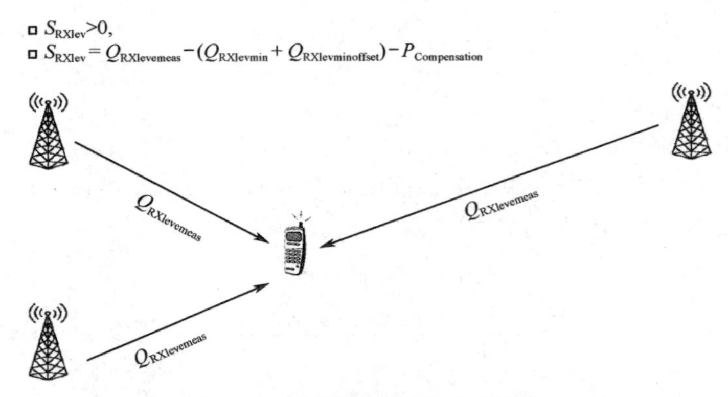

图 5-81　小区选择规则（S 准则）

③ $Q_{RXlevmin}$：Minimum required RX level in the cell（dBm），SIB1 消息中广播的小区最低接收电平值，可通过参数 NRDUCellSelConfig.MinimumRXLevel 配置。

④ $Q_{RXlevminoffset}$：Offset to the signalled，SIB1 消息中广播的小区最低接收电平的偏置值。如果当前没有携带 $Q_{RXlevminoffset}$，UE 默认为 0dB。

⑤ $P_{Compensation}$：max（PEMAX1-PPowerClass，0）。其中 PEMAX1 是在 SIB1 消息中广播的小区允许的 UE 最大发射功率，PPowerClass 是 UE 自身最大射频输出功率。

（2）小区重选（R 准则）如图 5-82 所示。

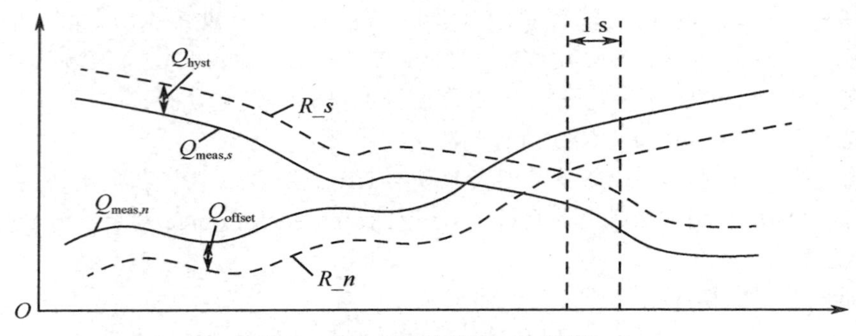

图 5-82　小区重选规则（R 准则）

判断 Best Cell 是否同时满足如下条件。若满足，UE 重选到该小区；若不满足，则继续驻留在原小区。

① UE 在当前服务小区驻留超过 1 s。

② 持续 1 s 的时间内满足小区重选规则（R 准则）：$R\_n>R\_s$。

- $R\_n=Q_{meas,n}-Q_{offset}$
- $R\_s=Q_{meas,s}+Q_{hyst}$

重选规则参数：

① $Q_{meas,n}$：基于 SSB 测量的邻区的 RSRP 值，单位为 dBm。

② Q_{offset}：邻区重选偏置。对于同频小区重选，可通过参数 NRCellRelation.NCellReselOffset 配置。

③ $Q_{meas,s}$：基于 SSB 测量处理服务小区接收信号的电平值，即服务小区的 RSRP 值。

④ Q_{hyst}：小区重选迟滞。可通过参数 NRCellReselConfig.CellReselHysteresis 配置。

5.3.2　GNR 切换关键参数

1. 5GNR 的测量事件

5GNR 的测量事件包含 A1、A2、A3、A4、A5、B1 和 B2，如表 5-14 所示。其中，事件 A1 和 A2 用于切换功能启动判决阶段，衡量服务小区信号质量，判断是否启动或停止切换；其他事件（A3、A4、A5 和 B1、B2）用于目标小区或目标频点判决阶段，用于衡量邻区的信号质量。

表 5-14　5GNR 的测量事件

事件类型	事件定义
A1	服务小区信号质量高于对应门限，关闭异频测量
A2	服务小区信号质量低于对应门限，打开异频测量
A3	邻区信号质量比服务小区信号质量好于一定门限值
A4	邻区信号质量高于对应门限
A5	服务小区信号质量低于门限 1 并且邻区信号质量高于门限 2
B1	异系统邻区信号质量高于对应门限
B2	服务小区信号质量低于门限 1 并且异系统邻区信号质量高于门限 2

2. 5GNR 切换事件的关键参数

5GNR 切换事件的关键参数如表 5-15 所示。

表 5-15　5GNR 切换事件的关键参数

参数名称	传送途径	默认值	作用范围	参数功能
passSssPower	gNB-UE	28	cell	主辅同步信号每 RE 上的发射功率，小区搜索、下行信道估计、信道检测时会用到，直接影响到小区覆盖。过大会造成导频污染及小区间干扰；过小会造成小区选择或重选不上，数据信道无法解调等
qRxLevMin	gNB-UE	-120	gNB	该参数指示了小区满足选择条件的最小接收电平门限。该参数直接决定了小区下行覆盖范围
finrrCoeffRsrp	gNB-UE	4	cell	该参数为测量时的 RSRP 层 3 滤波系数，用于平滑测量值
beamFileCoeffRsrp	gNB-UE	4	cell	Beam RSRP 测量层 3 滤波因子
beamMeasurementType	gNB-UE	2	cell	用于控制测量报告中是否携带 Beam 测量结果
beamReportQuantity	gNB-UE	0	cell	Beam 测量报告量
ocs	gNB-UE	0	cell	服务小区个体偏差
sMeasure	gNB-UE	-70	cell	判决同频/异频/系统间测量的绝对门限。若经过层 3 滤波后，服务小区的 RSRP 值低于该门限值，则启动同频/异频/系统间测量

续表

参数名称	传送途径	默认值	作用范围	参数功能
A3offset	gNB-UE	1.5	cell	邻区与本区的 RSRP 差值比该值大时，触发 RSRP 上报，用于事件触发的 RSRP 上报
triggerQunantity	gNB-UE	0	cell	事件触发的测量参数，当 UE 测到该参数的值满足事件触发门限值时，会触发小区测量事件
A5Thrd1Rsrp	gNB-UE	-90	cell	服务小区 RSRP 差于此门限且邻区 RSRP 好于配置的门限时，UE 上报 A5 事件
A5Thrd1Rsrq	gNB-UE	-11	cell	服务小区 RSRQ 差于此门限且邻区 RSRQ 好于配置的门限时，UE 上报 A5 事件
A5Thrd2Rsrp	gNB-UE	-90	cell	邻区 RSRP 好于此门限且服务小区 RSRP 差于配置的门限时，UE 上报 A5 事件
A5Thrd2Rsrq	gNB-UE	-11	cell	邻区 RSRQ 好于此门限且服务小区 RSRQ 差于配置的门限时，UE 上报 A5 事件
eventId	gNB-UE	A3	cell	根据具体场景选择合适的测量事件
cellIndividualoffset	gNB-UE	1	Neighbor-relation	该参数是小区个体偏移值，属于小区切换参数，主要用于控制终端切换。参数随测量控制信息下发给终端，值越大当前服务小区到该邻区关系对应邻小区越容易切换，越小越难切换
timeToTrigger	gNB-UE	320	gNB	Time to trigger 设置得越大，表明对事件触发的判决越严格，但需要根据实际需要来设置此参数的长度，因为有时设置得太长会影响用户的通信质量
Hysteresis	gNB-UE	0	cell	事件触发上报的进入和离开条件的滞后因子
rptAmount	gNB-UE	3	cell	该参数指示了在触发事件后进行测量结果上报的最大次数。对 UE 侧来说，当事件触发后，UE 根据报告间隔上报测量结果，如果上报次数超过了本参数指示的值，则停止上报测量结果
rptInterval	gNB-UE	1024	cell	该参数指示了在触发事件后周期上报测量结果的时间间隔，即 UE 每间隔 rptInterval 上报一次事件触发的测量结果
maxRptcellNum	gNB-UE	3	cell	指示测量上报的最大小区数，不包括服务小区。基站可根据一定的策略（如信号强度、负荷）对上报的多个小区排序，确定切换出的优先顺序
ssBlockReportMaxNum	gNB-UE	1	cell	Beam 测量报告中最大 Beam 数（SS Block）。基站可根据一定的策略（如信号强度）对上报的多个Beam排序，确定最佳Beam

续表

参数名称	传送途径	默认值	作用范围	参数功能
A2ThresholdRsrp	gNB-UE	-140	cell	测量时服务小区 A2 事件 RSRP 绝对门限，当测量到的服务小区 RSRP 低于门限时，UE 上报 A2 事件
A4ThrdRsrp	gNB-UE	-75	cell	测量时邻区 A4 事件 RSRP 绝对门限，当测量到的邻区 RSRP 高于门限时 UE 上报 A4 事件
A4ThrdRsrq	gNB-UE	-8	cell	测量时邻区 A4 事件 RSRQ 绝对门限，当测量到的邻区 RSRQ 高于门限时，UE 上报 A4 事件

在实际网络中，根据不同工况可以动态调整各关键参数，各电信运营商的推荐配置也略有区别。

5.3.3　切换问题分析方法

遇到切换异常问题时应先检查基站、传输、终端等状态是否异常，排查基站、传输、终端等问题后再进行分析。无线侧整个切换过程异常的情况分为以下几种：

（1）终端是否收到切换命令；

（2）MSG1 是否发送成功；

（3）是否收到 RAR。

切换问题排查流程如图 5-83 所示。

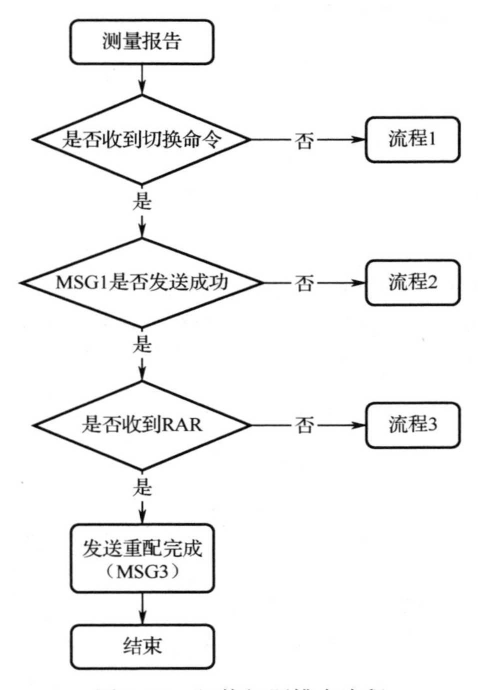

图 5-83　切换问题排查流程

1. 未收到切换命令问题分析

切换问题排查未收到切换命令问题分析流程如图 5-84 所示。

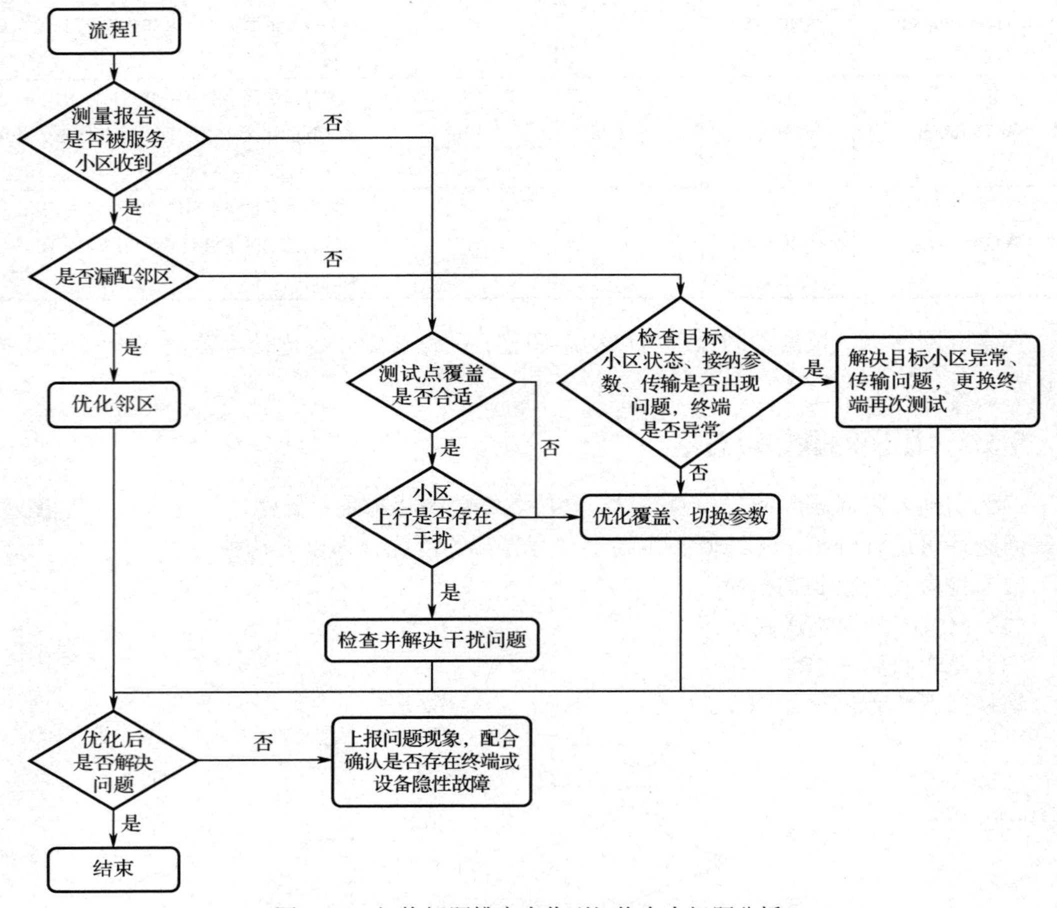

图 5-84　切换问题排查未收到切换命令问题分析

（1）基站未收到测量报告。

① 确认测量报告点 RSRP、SINR 等的覆盖情况，确认终端是否在小区边缘或存在上行受限的情况（根据下行终端估计的路损判断）。如果是边缘覆盖或上行受限的情况，按照现场情况调整覆盖，并切换参数，解决异常情况。

② 检查是否存在上行干扰，如果在无用户时底噪过高则肯定存在上行干扰，上行干扰优先检查是否为邻近其他小区 GPS 失锁导致，可通过关闭干扰源附近站点，使用 Scanner 进行频谱扫描来排查。

（2）基站收到了测量报告。终端上报测量报告后未收到，基站侧触发切换的原因可能有如下三种，需要逐一排查。

① 终端上报的测量报告中所测量的小区 PCI 不在邻区关系表中，此种情况下基站是不会触发切换的；可以通过查看测量报告消息内容进行判断。

② 外部邻小区表中邻小区的 PCI 配置错误，可通过核查邻区配置进行判断。

③ 终端上报测量报告后，基站触发了切换，但终端未收到切换消息（RRC 重配置）；

此种情况可能跟干扰或环境有关。目前在多用户进行切换时，基站的切换性能确实需要改善。

2. 未向终端发送切换命令的情况

（1）确认目标小区是否为邻区漏配。

（2）在配置了邻区后若收到测量报告，源基站会通过 X2 口或 S1 口（若没有配置 X2 偶联）向目标小区发送切换请求。此时需要检查目标小区是否未向源小区发送切换响应，或者发送 Handover Preparation Failure 信令，在这种情况下源小区也不会向终端发送切换命令。

此时需要从以下三个方面定位：

① 目标小区准备失败、RNTI 准备失败、PHY/MAC 参数配置异常等会造成目标小区无法接纳而返回 Handover Preparation Failue；

② 传输链路异常，会造成目标小区无响应；

③ 目标小区状态异常，会造成目标小区无响应。

3. 向终端发送切换命令情况

主要检查测量报告上报点的覆盖情况，是否为弱场或强干扰区域，建议优先通过调整工程参数解决覆盖问题，若覆盖不易调整则通过调整切换参数进行优化。

4. 未收到 MSG1 问题分析

在正常情况下，测量报告上报的小区都会比源小区的覆盖情况好，但不排除目标小区覆盖突变的情况，所以要首先排除掉由于测试环境覆盖引起的切换问题。这类问题建议优先调整覆盖，若覆盖不易调整则通过调整切换参数优化；当覆盖比较稳定仍无法正常发送时就需要在基站侧检查是否出现上行干扰。具体流程如图 5-85 所示。

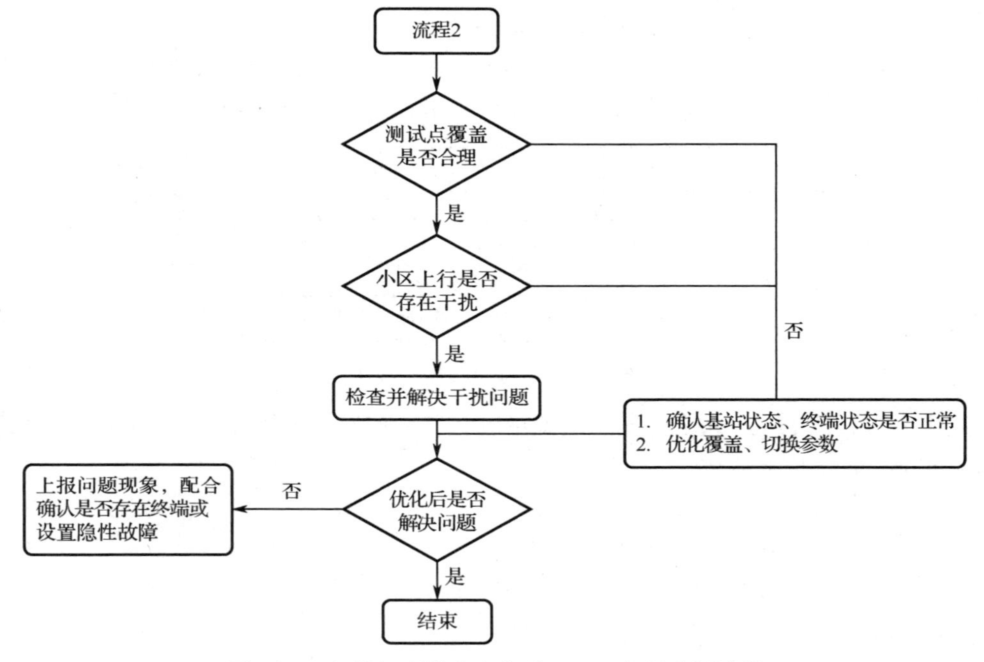

图 5-85 切换问题排查未收到 MSG1 问题分析流程

5. 未收到 RAR 问题分析

出现接收 RAR 异常的情况，一般主要检查测试点的无线环境，处理思路仍是优先优化覆盖，若覆盖不易调整再调整切换参数。具体流程如图 5-86 所示。

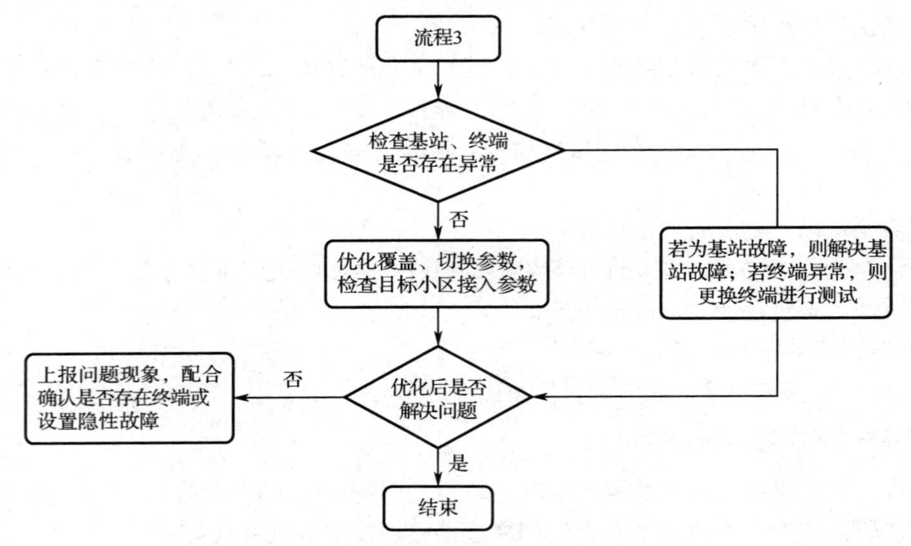

图 5-86　切换问题排查未收到 RAR 问题分析流程

任务 5　分析切换问题大数据

前面介绍了移动性管理的理论知识、5GNR 切换的关键参数、切换问题的分析方法，本节主要介绍如何进行算法设计，并通过算法将切换失败导致的质差区域清洗出来，实现问题的快速定位。切换问题分析算法的设计思路如下。

总体思路：通过 nr_coverage_coverage（原始表）、nr_event_handover（nr 切换事件表）的数据进行关联和清洗，最终输出 result_nr_bq_segments_handover 结果表，如图 5-87 所示。

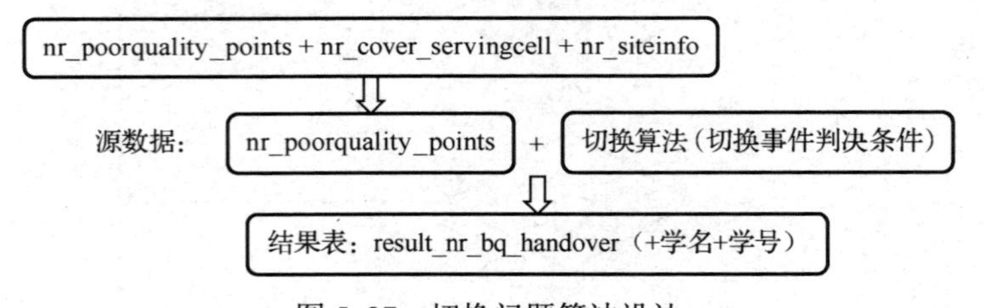

图 5-87　切换问题算法设计

通过中间过程表 nr_bq_segments（质差路段详表）和原始 nr_event_handover 表生成结果表 result_nr_bq_handover_学号。

（1）质差采样点的判断算法：

① 对于服务小区采样点：SINR≤−3 dB；

② 可选条件：RSRP≥−110 dBm，默认不启用。

（2）路段聚合算法：

① 质差采样点比例≥80%；

② 相邻两个采样点距离≤50 m；

③ 路段长度≥50 m；

④ 可选：路段持续时长≥10 s，默认不启用。

表 5-16 为切换问题分析结果表 result_nr_bq__handover。该表为最终的结果输出表，包含问题路段信息、服务小区信息、切换的目标小区信息，以及切换失败信息等字段。

表 5-16　result_nr_bq_handover 表

字　段	字符类型	说　明
dataid	bigint	数据流 ID
segmentid	bigint	质差问题编号
handover_time	timestamp	切换时间
servingcellname	text	服务小区名称
servingearfcn	integer	服务小区频点
servingpci	integer	服务小区 PCI
targetcellname	text	目标小区名名称
targetearfcn	integer	目标小区频点
targetpci	integer	目标小区 PCI
is_handsucc	integer	切换是否成功 1 是 0 否
mrcount	integer	MR 次数
reason	reason	切换原因

1. 任务目的

切换问题分析方法：遇到切换异常问题时应先检查基站、传输、终端等状态是否异常，排查基站、传输、终端等问题后再进行分析。无线侧切换过程的异常情况分为以下几个阶段：

（1）不上报测量报告；

（2）测量报告发送后是否收到切换命令；

（3）收到 RRC 重配命令后是否回复 RRC 重配完成。

切换问题排查流程如图 5-88 所示。

此次实践任务，将通过通信大数据分析与应用实训教学平台自动实现如上数据的抓取和分析过程，自动实现切换问题的数据分析。

2. 任务设备

实践前需要准备的设备和材料与“弱覆盖问题分析”一致，包括：

（1）通信大数据分析与应用实训教学平台；

（2）相关账号和数据。

3. 任务实施

1）输入表

NR 质差路段无覆盖分析结果表 result_nr_bq_segments_handover 的前置表包含 2 张：

（1）nr_bq_segments：NR 质差路段信息表；

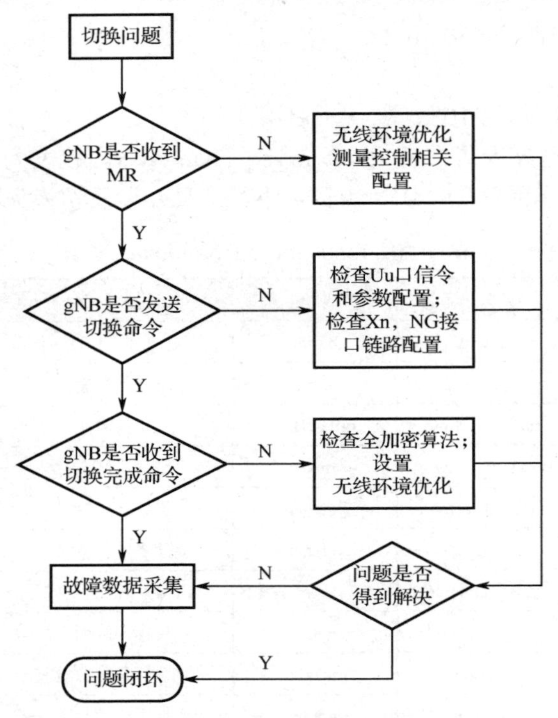

图 5-88　切换问题排查流程

（2）nr_event_handover：NR 切换事件表；

2）算法说明

NR 质差路段切换分析结果表 result_nr_bq_segments_handover 根据问题路段开始与结束时间筛选出切换事件的开始与结束时间，并根据切换失败原因筛选出因切换失败导致的质差路段。

3）算法实现

本节重点将质差越区覆盖切换问题分析案例中的一些关键算法进行展示和简单说明。

```
drop table if exists edu_tmpdata.temp_nr_pq_t${student_id};
create table edu_tmpdata.temp_nr_pq_t${student_id} as
select *
from edu_odsdata.nr_poorquality_points
where dt_day=${dt_day} and dt_hour=${dt_hour}
;


--当语法中出现 timestamp 字段时，由于 timestamp 在 Hive 中是关键字，所以字段引用会引发冲突，当把 timestamp 字段名称加上反引号`时，Hive 就认为其不是关键字而是表的字段了

drop table if exists edu_tmpdata.temp_handover_t${student_id};
create table edu_tmpdata.temp_handover_t${student_id} as
select
   t1.dataid,
```

```
        t1.'timestamp',
        t1.longitude,
        t1.latitude,
        t1.result as handoverresult,
        t2.nr_pci,
        t2.nr_arfcn,
        t1.duration as handoverdelay,
        t2.cellindex as servingcellindex,
        t2.cellname  as servingcellname,
        t3.cellindex as targetcellindex,
        t3.cellname  as targetcellname
    from edu_odsdata.nr_event_handover t1
    left join edu_odsdata.nr_siteinfo t2 on t2.dt_day=${dt_day} and
      t2.dt_hour=${dt_hour} and t1.dataid=t2.dataid and  t1.nr_pci=t2.nr_pci
      and t1.nr_arfcn=t2.nr_arfcn
    left join edu_odsdata.nr_siteinfo t3 on t3.dt_day=${dt_day} and
      t3.dt_hour=${dt_hour} and t1.dataid=t3.dataid and
      t1.add_nr_pci=t3.nr_pci and t1.add_nr_arfcn=t3.nr_arfcn
    where t1.dt_day=${dt_day} and t1.dt_hour=${dt_hour}
    ;

    insert overwrite table  'edu_resdata.result_nr_bq_handover__
      ${student_name}__${student_id}' partition(dt_day=${dt_day},dt_hour=
      ${dt_hour})select
        t1.dataid,
        t1.segmentid,
        t2.'timestamp' as handtime,
        t2.longitude,
        t2.latitude,
        t2.servingcellname,
        t2.servingcellindex,
        t2.targetcellname,
        t2.targetcellindex,
        t2.handoverdelay,
        case when t2.handoverresult=0 then '切换成功' else '切换失败' end as
          handoverresult
    from edu_tmpdata.temp_nr_pq_t${student_id} t1
    left join edu_tmpdata.temp_handover_t${student_id} t2 on t1.dataid=
      t2.dataid and t2.handoverresult=1
    where t2.'timestamp'>=t1.startts and t2.'timestamp'<=t1.endts
    ;
```

4）输入表

（1）nr_bq_segments：质差路段信息表，记录质差路段的相应信息。

（2）nr_event_handover：切换事件表，记录每次切换的信息。

5）算法说明

该算法通过获取质差问题路段发生时段内的切换事件，判断该质差发生时段内的切换是

否存在切换失败的情况，存在切换失败则记录下该质差路段和切换失败的事件信息，输出到对应的结果表中，将此类情况的路段定义为切换失败引起的质差。

6）算法开发

本节重点介绍算法开发的门限、算法说明及算法生成的新表、字段，让大家掌握算法开发涉及的算法、表、字段。

nr_bq_segments（质差问题路段详表）如表 5-17 所示。nr_bq_segments 是 NR 质差路段信息表，主要记录质差区域的日期、经纬度信息及覆盖的一些指标。

表 5-17　nr_bq_segments 表

字 段 名	字符类型	说　　明	备　　注
dataid	bigint	数据流 ID	—
logdate	date	数据日期	—
Timestamp	timestamp	记录时间戳	2020-09-07 11:07:22.000，取起点
longitude	decimal(10,6)	经度	路段经纬度，取起点经纬度
latitude	decimal(10,6)	纬度	路段经纬度，取起点经纬度
Gridx	int	栅格坐标 x	1 m
Gridy	int	栅格坐标 y	1 m
SegmentId	int	路段 ID	自增长，路段唯一 ID
StartTs	timestamp	路段起点时间戳	—
StartLon	decimal(10,6)	路段起点经纬度	—
StartLat	decimal(10,6)	路段起点经纬度	—
Duration	int	路段持续总时长	s
Distance	float	路段总长度	m
BadSample	int	路段质差采样点数量	—
Sample	int	路段采样点总数量	—
EndLon	decimal(10,6)	路段终点经纬度	—
EndLat	decimal(10,6)	路段终点经纬度	—
EndTs	timestamp	路段终点时间戳	—
AvgRSRP	float	路段服务小区采样点平均 RSRP	nr_coverage_coverage.ServingRSRP
AvgSINR	float	路段服务小区采样点平均 SINR	nr_coverage_coverage.ServingSINR
MinRSRP	float	路段服务小区采样点最小 RSRP	nr_coverage_coverage.ServingRSRP
MinSINR	float	路段服务小区采样点最小 SINR	nr_coverage_coverage.ServingSINR
MaxRSRP	float	路段服务小区采样点最大 RSRP	nr_coverage_coverage.ServingRSRP
MaxSINR	float	路段服务小区采样点最大 SINR	nr_coverage_coverage.ServingSINR
MaxOSNum	int	路段越区采样点数量	nr_coverage_coverage.OverShooting

4. 任务报告

（1）输出算法；

（2）输出结果表；

（3）结果的 BI 展示。

本章总结

本章系统介绍了弱覆盖的理论，弱覆盖问题的大数据算法设计，以及算法开发中用到的相关输入表、输出表的字段解释。通过学习，读者应掌握弱覆盖的基础理论，弱覆盖问题的算法设计和算法开发。同时系统介绍了移动性管理的理论，列出了 5GNR 切换的关键参数，切换问题的分析方法，切换问题的大数据算法设计，以及算法开发中用到的相关输入表、输出表的字段解释。通过学习，读者应掌握 5G 移动性管理的基础理论，切换问题的算法设计和算法开发，同时掌握基本的外场实际切换问题的分析方法和解决手段。

习题 5

1．传统室内分布系统的组成和分类是怎样的？
2．室内分布的典型场景举例。
3．弱覆盖的判断标准是什么？
4．覆盖类问题判断手段有哪些？
5．本章分析任务的主要步骤有哪些？
6．本章分析任务的分析过程接触了哪几类数据库，其有何不同？
7．本章分析任务的算法主要涉及几个数据库的数据，各库存数据的特征分别是什么？
8．分析基于大数据技术弱覆盖问题的源数据有哪些？生成的表有哪些？
9．分析切换问题大数据过程中使用的到源数据有哪些？
10．Hive 数据库的数据是如何同步到 mysql 数据库的？

热点区域为小区日平均流量大于 100 GB 的站点覆盖的区域，从电信运营商 5G 流量统计的信息看，热点区域主要是校园、工厂宿舍、高档写字楼、医院、高档小区、机场、火车站等，对于热点区域的通信解决方案，主要是进行室内分布系统建设。

6.1 位置数据

随着基于位置服务应用的普及和位置感知设备定位精度的提高，产生了大量用户定位和移动轨迹数据。这些轨迹数据不仅拥有时间属性，还具有空间属性。基于时空轨迹数据的典型应用包括人群活动热点区域识别地点、用户轨迹聚类推荐等。基于时空轨迹数据的热点区域识别指利用用户移动轨迹和位置数据，采用空间聚类算法，识别出商业较发达、居民出行量较大且人群比较密集的热点区域，可为电信运营商基站流量优化、基站选址等提供有效的参考信息。基于位置数据的热点区域识别主要涉及热点区域的覆盖面积限定和基于空间数据聚类的热点区域识别算法等。

早在 15 世纪，人类开始探索海洋时，定位技术就随之产生。但当时的定位方法十分粗糙，就是运用航海图和星象图确定自己的位置。随着社会的进步和科技的发展，定位技术在技术手段、定位精度、可用性等方面均取得质的飞越，并且从航海、航天、航空、测绘、军事、自然灾害预防等“高大上”的领域逐步渗透到社会生活的方方面面，成为人们日常生活中不可缺少的重要应用，如人员搜寻、位置查找、交通管理、车辆导航与路线规划等。

总体来说，定位可以按照使用场景的不同划分为室内定位和室外定位两大类，因为场景不同，需求也就不同，所以采用的定位技术也不尽相同。

6.1.1 定位技术

1. 室外定位

目前应用于室外定位的主流技术主要有卫星定位和基站定位两种。卫星定位即通过接收

卫星提供的经纬度坐标信号进行定位，卫星定位系统主要有美国全球定位（GPS）系统、俄罗斯格洛纳斯（GLONASS）系统、欧洲伽利略（GALILEO）系统、中国北斗卫星导航系统，其中，GPS 系统是现阶段应用最为广泛、技术最为成熟的卫星定位系统。

GPS 系统由三部分组成：空间部分、地面控制部分、用户设备部分。

（1）空间部分由 24 颗工作卫星组成，它们均匀分布在 6 个轨道面上（每个轨道面上 4 颗），这样的分布使得在全球任何地方、任何时间都可观测到 4 颗以上的卫星，并能保持具有良好定位解算精度的几何图像。

（2）地面控制部分主要由监测站、主控站、备用主控站、信息注入站组成，主要负责 GPS 卫星的管理控制。

（3）用户设备部分主要是 GPS 接收机，主要功能是接收 GPS 卫星发射的信号，获得定位信息和观测量，通过数据处理实现定位。

GPS 的定位原理就是通过 4 颗已知位置的卫星来确定 GPS 接收机的位置。要达到这一目的，卫星的位置可以根据星载时钟所记录的时间在卫星星历中查出。而用户到卫星的距离则通过记录卫星信号传播到用户所经历的时间，再将其乘以光速得到（由于大气层电离层的干扰，这一距离并不是用户与卫星之间的真实距离，而是伪距）。当 GPS 卫星正常工作时，会不断地用 1 和 0 二进制码元组成的伪随机码（简称伪码）发射导航电文。导航电文包括卫星星历、工作状况、时钟改正、电离层时延修正、大气折射修正等信息。

基站定位一般应用于手机用户，手机基站定位服务又叫作移动位置服务（Location Based Service，LBS），它通过电信运营商的网络（如 GSM 网）获取移动终端用户的位置信息。

手机等移动设备在插入 sim 卡开机以后，会主动搜索周围的基站信息，与基站建立联系，在可以搜索到信号的区域，手机能搜索到的基站不止一个，不过远近不同，在进行通信时会选取距离最近、信号最强的基站作为通信基站。其余的基站并不是没有用了，当用户的位置发生变化时，不同基站的信号强度会发生变化，如果基站 A 的信号不如基站 B 了，为防止突然中断连接，手机会先和基站 B 进行通信，协调好通信方式之后就会从 A 切换到 B。这也是在火车上待机一天比在家里耗电要多的原因，因为在火车上手机需要不停地搜索、连接基站。基站定位的原理也很简单：距离基站越远，信号越差，根据手机收到的信号强度可以大致估计基站的距离，当手机同时搜索到至少 3 个基站的信号时（在现在的网络覆盖条件下这是很轻松的一件事），大致可以估算出手机与基站的距离；基站在移动网络中是唯一确定的，其地理位置也是唯一的，也就可以得到三个基站（三个点）与手机的距离。根据三点定位原理，只需要以基站为圆心，以距离为半径多次画圆，这些圆的交点就是手机的位置。

由于基站定位时，信号很容易受到干扰，所以决定了它定位的不准确性，精度大约在 150 m，基本无法开车导航。定位条件是必须在有基站信号的位置，手机处于 sim 卡注册状态（飞行模式下开 WiFi 和拔出 sim 卡都不行），无论是否在室内都必须收到 3 个基站的信号，但定位速度超快，一旦有信号就可以定位，目前的主要用途是在没有 GPS 且没有 WiFi 的情况下快速了解用户的大体位置。

2. 室内定位技术

GPS 和基站（LBS）定位技术基本满足了用户在室外场景中对位置服务的需求，两种室外定位技术的对比如表 6-1 所示。然而，人的一生当中有 80%的时间是在室内度过的，个人

用户、服务机器人、新型物联网设备等大量的定位需求也发生在室内；而室内场景受到建筑物的遮挡，GNSS 信号快速衰减，甚至完全拒止，无法满足室内场景中导航定位的需求。近年来，位置服务的相关技术和产业正从室外向室内发展，以提供无所不在的基于位置的服务，其主要推动力是室内位置服务所能带来的巨大的应用和商业潜能。许多公司包括 OS 提供商、服务提供商、设备和芯片提供商都在竞争这个市场。

表 6-1　两种室外定位技术的对比

定位技术	GPS 定位	LBS 定位
原理	卫星定位	基站定位
精度	精度高（5～10 m）	精度较低（市区 20～200 m；郊区 1 000～2 000 m）
耗电量	很大，需要手机为 GPS 模块提供高压供电	基站采集数据即可，不消耗手机电量
优点	室外定位精度高； 覆盖广	定位速度超快； 不受天气、高楼、位置等的影响； 功耗低
缺点	1．GPS 系统的天线必须在室外并且能看到大面积天空，否则无法定位，受天气和位置影响较大； 2．比较耗电； 3．成本较高	1．定位条件是必须在有基站信号的位置（手机 sim 卡处于注册状态），且必须收到 3 个基站的信号； 2．定位精度低

室内定位即通过技术手段获知人们在室内所处的实时位置或行动轨迹。基于这些信息能够实现多种应用。

大型商场中的商户能够通过室内定位技术获知哪些地方人流量最大，客人们通常会选择哪些行动路线等，从而更科学地布置柜台或选择举办促销活动的地点。客人也可以利用室内定位技术更方便地找到所需购买物品的摆放区域，并获得前往该处的最佳路线。家长也不用再担心孩子在商场中走失，通过室内定位技术可以实时定位孩子的位置。

公司的管理者则可以运用室内定位技术实时获知室内的人员状况，从而更好地优化空调的使用等，达到节能减排的目的，还能够有效提高安全保卫的水平。

通过部署室内定位技术，电信运营商能够更好地找到室内覆盖的“盲点”和“热点”区域，更好地在室内为用户提供通信服务。

3. 室内外对比

与室外定位相比，室内定位面临很多独特的挑战，如室内的环境动态性很强，可以说是多种多样，不同的大厦会有不同的室内布局；室内的环境更加精细，因此也需要更高的精度来分辨不同的特征。

实用的室内定位解决方案需要满足精度、覆盖范围、可靠性、成本和复杂度、功耗、可扩展性、响应时间的要求。

（1）精度。应用不同对精度的要求也不同，如在超市或仓库找一个特定的商品可能需要 1 m 甚至更低的精度，如果在购物中心寻找一个特定的品牌或餐馆，5～10 m 的精度就能满足要求。

（2）覆盖范围。覆盖范围主要是指一个技术和解决方案可以在多大的范围内提供满足精度要求的覆盖。有些技术需要相应或专用的基础设施支撑并结合相应的定位终端使用，这样它的覆盖就只能是布局了相应技术的环境范围。

（3）可靠性。前面提到室内环境动态性很强，会经常发生改变，如商场的设置和隔断会经常发生变化。另外，定位所依赖的基础设施也会经常发生变化。例如，一些大型的会议，参展商会架设自己的 WiFi 热点，这些设施会动态变化位置，甚至有时开有时关，如果定位技术是基于 WiFi 的，系统会受到这些因素的影响。

（4）成本和复杂度。成本和复杂度指标涵盖两个方面。一个是定位终端的成本，是否可以用终端已有的硬件而不添加新的硬件。另一个是布局和维护的成本及其复杂度，包括布局与维护定位所需要的设施和采集相关的数据库。

（5）功耗。定位所产生的功耗是一个很重要的指标，尤其对使用电池的移动设备而言，如果功耗大很快会使设备没电，从而限制了用户的使用。有调查表明，电池电量消耗过快是很多用户不开启定位功能的一个主要因素。所以，要实现随时随地的位置感知，必须降低定位所增加设备的额外功耗。

（6）可扩展性。可扩展性指一个解决方案扩展到更大的覆盖范围使用的能力，和方便地移植到不同环境和应用的能力。

（7）响应时间。系统给出一个位置更新所需的时间是响应时间，不同的应用对响应时间的要求不同，如移动用户和导航应用需要较快的位置更新。

6.1.2　用户位置数据的日常应用

手机的普及、5G 网络的发展、GPS 定位技术的精度越来越高，大众在日常生活中所产生的地理位置数据量越来越大，对这些数据的挖掘在对城市布局、结构、用户行为的研究中是非常有意义的。同时，目前涌现的许多应用，均是在 LBS 的基础上建立的，LBS 是连接互联网和真实世界的入口，帮助用户确定自己身处何处，能够获取什么样的服务，高效地进行 O2O 等业务。常见的基于地理位置的服务如下。

1. 地图

地图是最基础的与地理位置紧密相连的应用，早年的纸质地图主要解决用户找到自己的位置、找到目的地、简单地规划路线等需求，电子地图能够准确地获取用户位置，以下功能都能够高效地实现：

基于确定地点间的路径规划，规划两点间的通达方案，涉及其他很多复杂的实际交通要素，以及要素间的拓扑关系；

基于某一确定地点的周边搜索，以点为中心，搜索周围一定范围内的 POI，是地理科学领域最基础的缓冲区内搜索；

基于用户实时位置的实时导航，对定位和地图数据的要求很高，需要对用户当前位置及周围的交通要素，提供敏捷的导航提示。

2. 出行

模拟乘客的打车场景，由于是即时性叫车，有明确的出发点和目的地，出发点往往在当前位置或附近，用户将行程发送后叫车。

打车平台的派单策略一般是在用户出发点的某一范围内搜索车辆，考虑全局距离最优策略，进行派单。

3. 外卖

用户基于某一位置，搜索包含在该位置配送范围内的商家下单，并可以跟踪到外卖员的位置，了解外卖所处的状态。

通过外卖员—店家+店家—用户的路径规划，估算配送时间。

外卖员获取商家位置取外卖，获取用户位置进行路线规划和配送。

4. 团购

基于位置的搜索、团购，通过路线规划，到达线下地点。

5. 社交

一方面，用户可以根据自己的位置发现周围的人和动态，一般认为相近地理位置的用户生成的内容更易引起共鸣，附近的用户之间也更易进一步建立线上和线下的关系。如抖音、微博、微信等网络平台都具有社交功能。

另一方面，用户在生成自己原创内容的时候，也会添加自己的位置信息，地点是用户在记录生活、发布签到过程中的重要信息，很容易想要记录在某个地方发生的事情及度过的一天。

6. 物流

让用户了解快递的大致路径和当前所处的站点，目前还没能显示快递的实时位置，但会比较明确地展示快递属于整体物流运输过程中的哪个环节、所处哪个城市，并且预估送达时间。

6.2 热点区域

6.2.1 热点区域的定义

热点区域即关注时段内人流量密集的区域，如某位明星当晚的演唱会现场、春运期间的火车站/机场、早晚高峰的地铁口/公交站、节假日的游乐园等。关注这样的区域可以对该类热点区域的无线网络、交通指挥、园区管理和人员安排等有很好的指导作用，如演唱会现场可以安排紧急通信车辆加大无线网络的支撑力度，对演唱会现场附近的交通进行适当管制和红绿灯策略调整等。定义好热点区域相当重要，将一天内单位区域内的活跃人流数量达到一定门限的区域定义为热点区域。

6.2.2 热点区域的特点及作用

当前，社会经济快速发展，人民生活水平不断提高，各旅游场所已成为人们休闲娱乐活动的主要场所，尤其是在节假日期间人流将更加集中，密集度也会相对上升。一旦发生紧急突发事件，极易出现多人死、伤的恶性事故。

为进一步保证人民生活的安全，促进经济的进一步发展，对人员密集场所进行监督和控制变得尤为重要。如果没有准确的客流数据很难做出合理的、令人信服的划分。依靠人力在各个人流高度集中的区域通过目测人流的方法进行管理，不仅耗费人力，提高了成本，精准度也不高，一旦发生突发事件，并不能清楚地掌握所辖区域内的人口数量，以判断采取何种

级别的疏散和应急方案。为防止此类事故的发生，各类人口密集的场所对所辖范围的人口数量及流动情况需要非常清楚地进行实时掌控。

建设热点区域人流密度监控及疏导系统，可以解决人流量大，且高度集中时段不好管理的问题，并为旅游场所经营者提供准确的客流数据。

热点区域人流密度监控及疏导系统还能提前预判突发事件，它可以提前估计出当前热点区域的最大客流承受能力，及时发现重大的客流安全隐患，进而帮助管理人员在第一时间做出判断。在客流高峰时期采取适当的措施，根据应急预案选择正确的疏导路线和操作步骤引导客流疏散，防患于未然，避免事故的发生。

6.2.3 热点区域在民生领域的应用

热点区域数据分析结果常用于以下民生项目。

1. 热点区域客流实时监测

展示当前热点区域客流的位置分布，高亮标示热点区域客流实时的游览舒适度及热点区域客流旅游相关的服务信息（实时游客量、气象、路况等）。在数据条件允许的情况下，可支持展示热点区域客流量分布的热力图。

2. 热点区域客流分析

支持与大数据集成平台对接的政府交通、公安、环保等数据，以及百度、OTA 及基于电信运营商的客流量统计数据的应用分析，实现对客流量的统计分析，包括客流来源、驻留时长、客流轨迹等，并可以基于 GIS 平台实现客流量统计信息的展示。系统展现重要热点区域客流的情况，当用户在 GIS 地图上点选某个热点区域客流时，会展现相应区域的热点区域客流列表。用户可以根据需要选取具体热点区域客流，查询热点区域客流内的各种统计分析结果。统计分析结果通过数据表格、线性图、二维柱状图、三维柱状图、二维直方图、三维直方图、二维饼图、三维饼图等多种方式展现。

3. 车辆疏导

在数据条件允许的情况下，对热点区域客流停车场进行实时数据采集（包括空闲车位数、平均等位时间、诱导停车场编号等），并整合热点区域客流周边停车场信息，不仅为旅游大巴和自驾游客提供类似热点区域客流车位已满的提示，还能引导他们就近找到理想的停车位。

任务 6 分析基于位置信息的热点区域

1. 任务目的

前面介绍了热点区域大数据分析产生的原因、场景及优化方法，本任务主要介绍热点区域大数据分析的算法设计和热点区域大数据分析自动分析算法。

算法设计逻辑：对划定重点区域内的人员数据进行聚合分析，按时间维度统计划定区域内人员数量，本设计以天为时间维度，最终输出以天为维度的人员监控数量。

2. 任务材料

数据集：数据包含地理位置、用户信息、时间戳等，数据可以是结构化的数据文本，也

可以是半结构化的数据文件。数据来自移动设备、通信基站、电信运营商后台等。每个数据点都应包括经度和纬度信息。

清洗和预处理说明：需要对原始数据进行评估、设计数据分析流程，包括如何处理缺失值、异常值，以及如何进行坐标系统的转换（若需要），有价值数据初筛后再进行二次分析等。

结果数据可视化：提供一些地图可视化的样例，用于说明数据分布的情况。这可以帮助分析人员更好地理解数据的特征；也可以是热力图的示例，以展示如何通过颜色来表示数据密度。可以使用 Python 的 Folium、Tableau 等工具。

3. 任务实施

1）大数据算法设计

热点区域大数据自动分析算法如图 6-1 所示。

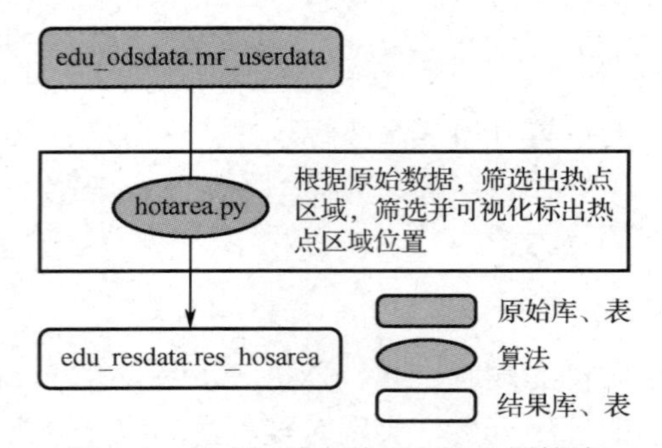

图 6-1　热点区域大数据自动分析算法

2）算法开发

该案例使用 Python 实现数据处理和分析，代码如下：

```
1.  import sys
2.  import pandas as pd
3.  import folium
4.  from geopy import distance
5.  from collections import Counter
6.  from hdfs import InsecureClient
7.  from pyhive import hive
8.  import re
9.
10.
11. # 执行样例
12. if len(sys.argv) != 5:
13.     print("请确定参数个数是否正确，需要 4 个，您输入了%s 个。4 个参数依次为：来源库名称、来源表名、写入数据库名、写入表名 eg:python3 hotarea.py edu_odsdata mr_userdata edu_resdata res_hosarea" % (len(sys.argv)-1))
14.     exit()
15.
16. #依赖不存在时下载依赖包
17. #yum install python3-devel
18. #pip3 install sasl
```

```
19. #pip3 install geopy -i http://pypi.douban.com/simple --trusted-host
    pypi.douban.com
20. #pip3 install folium==0.13.0 -i http://pypi.douban.com/simple
    --trusted-host pypi.douban.com
21. #pip3 install pyhive
22.
23. # 服务参数（hdfs web UI 安装主机、页面对外展示服务路径、脚本路径）
24. namenode_ip = "hadoop1"
25. http_path = "/home/alvin/http/"
26. task_path = sys.path[0]
27. task_name = sys.argv[0].split('.')[0]
28. map_path = "/usr/share/nginx/html"
29.
30.
31. # 动态入参
32. from_dbname = sys.argv[1]
33. from_tablename = sys.argv[2]
34. to_dbname = sys.argv[3]
35. to_tablename = sys.argv[4]
36.
37.
38. #根据数据表获取数据路径
39. conn = hive.connect(host='%s' %(namenode_ip), port=10000,
    username= 'hdfs')
40. cur = conn.cursor()
41.
42. cur.execute("show create table %s.%s" %(from_dbname, from_tablename))
43. create_table_sql = str(cur.fetchall())
44. from_hdfs_path = re.search(r"'(hdfs://[^']+)'", create_table_sql).
    group(1)
45. from_hdfs_path = from_hdfs_path.split('8020')[1]
46.
47. cur.execute("show create table %s.%s" %(to_dbname,to_tablename))
48. create_table_sql = str(cur.fetchall())
49. to_hdfs_path = re.search(r"'(hdfs://[^']+)'", create_table_sql).
    group(1)
50. to_hdfs_path = to_hdfs_path.split('8020')[1]
51. cur.close()
52.
53. #连接 hdfs
54. client = InsecureClient(url="http://%s:50070" %(namenode_ip),user=
    'hdfs')
55.
56. # 读取 csv 文件
57. with client.read('%s/mr_userdata.csv' % from_hdfs_path, encoding=
    'utf-8') as reader:
58.     # 跳过数据表头
59.     #next(reader)
```

```
60.
61.     df = pd.read_csv(reader)
62.
63. # 删除包含缺失值的行
64. df.dropna(subset=['lon_group', 'lat_group', 'user_id', 'lon',
    'lat'], inplace=True)
65.
66. # 筛选出相同 gridx, gridy 用户量user_id去重超过30%的点
67. df_grouped = df.groupby(['lon_group', 'lat_group']).agg({'user_id':
    pd.Series.nunique}).reset_index()
68. df_finrred = df_grouped[df_grouped['user_id'] >= 30]
69. df_finrred = pd.merge(df_finrred, df, on=['lon_group', 'lat_group'])
70.
71. # 筛选距离小于110m的点
72. points = []
73. for i in range(len(df_finrred)):
74.     lat1, lon1 = df_finrred.loc[i, 'lat'], df_finrred.loc[i, 'lon']
75.     for j in range(i+1, len(df_finrred)):
76.         lat2, lon2 = df_finrred.loc[j, 'lat'], df_finrred.loc[j,
            'lon']
77.         if distance.distance((lat1, lon1), (lat2, lon2)).m < 110:
78.             if (lat1, lon1) not in points:
79.                 if (lat2, lon2) not in points:
80.                     points.append((lat1, lon1))
81.                     points.append((lat2, lon2))
82.
83. # 汇聚为一个区域距离小于110m
84. regions = []
85. region_num = 1
86.
87. while len(points) > 0:
88.     first = points[0]
89.     region = [first]
90.     points.remove(first)
91.     i = 0
92.     while i < len(region):
93.         for p in points:
94.             if distance.distance(region[i], p).m < 110:
95.                 region.append(p)
96.                 points.remove(p)
97.         i += 1
98.     #区域满足采样点数大于60个
99.     if len(region) >= 60:
100.            #区域经纬度去重
101.            merged_list = set(region)
102.            #区域内经纬度出现次数计算
103.            merged_cnt = Counter(region)
104.
```

```
105.                regions.append({'num': region_num,'point_cnt':len
                      (region),'points': region,'merged_list':merged_list,
                      'merged_cnt':merged_cnt})
106.                region_num += 1
107.
108.    # 渲染地图
109.    m = folium.Map(location=[df_finrred['lat'].mean(), df_finrred
          ['lon'].mean()], zoom_start=12, control_scale=True, tiles=
          'http://webrd02.is.autonavi.com/appmaptile?lang=zh_cn&size=
          1&scale=1&style=7&x={x}&y={y}&z={z}',attr='default')
110.
111.    # 将聚集区域数据输出到 CSV 文件
112.    if len(regions) > 0:
113.        cluster_df = pd.DataFrame(regions)
114.        with client.write('%s/regions.csv' % to_hdfs_path,
              overwrite= True, encoding='utf-8') as writer:
115.            cluster_df.to_csv(writer)
116.
117.    # 所有采样点为浅灰色
118.    for i in range(len(df)):
119.        folium.CircleMarker(
120.            location=[df.loc[i, 'lat'], df.loc[i, 'lon']],
121.            radius=3,
122.            color='gray',
123.            fill=True,
124.            fill_color='gray'
125.        ).add_to(m)
126.
127.    # 满足条件的采样点渲染为红色，显示区域编号
128.    for r in regions:
129.        for p in r['points']:
130.            folium.CircleMarker(
131.                location=[p[0], p[1]],
132.                radius=3,
133.                color='red',
134.                fill=True,
135.                fill_color='red'
136.            ).add_to(m)
137.        folium.Marker(
138.            location=[sum([p[0] for p in r['points']])/len
                  (r['points']), sum([p[1] for p in r['points']])/
                  len(r['points'])],
139.            icon=folium.Icon(color='blue'),
140.            popup='HotAreaId:{}'.format(r['num'])
141.        ).add_to(m)
142.
143.    # 以圆形圈出所有聚集的区域
144.    for r in regions:
```

```
145.        folium.Circle(
146.            location=[sum([p[0] for p in r['points']])/len
                (r['points']), sum([p[1] for p in r['points']])/
                len(r['points'])],
147.            radius=70,
148.            color='blue',
149.            fill=False
150.        ).add_to(m)
151.
152.    m.save('%s/%s.html' % (map_path, task_name))
```

注意：算法并不唯一。

3）输入表

输入为 csv 数据。输入表 ods_region_user，如表 6-2 所示。

表 6-2　ods_region_user

字 段 名	字 符 类 型	字 段 说 明
user_id	int	用户 IMSI（已脱敏处理）
starttime	timestamp	数据产生时间
lon_group	double	经度（汇聚后）
lat_group	double	纬度（汇聚后）
lon	double	经度（原始上报）
lat	double	纬度（原始上报）
siteid	int	基站 ID
cellid	int	小区 ID
rsrp	double	信号 RSRP 值

4）中间表

中间表 dwd_user_grid，如表 6-3 所示。

表 6-3　dwd_user_grid

字 段 名	字 符 类 型	字 段 说 明
user_id	string	用户 IMSI（已脱敏处理）
procedure_starttime	string	MR 数据产生时间
lon	double	MR 上报经度
lat	double	MR 上报纬度
p_date	string	MR 上报日期
p_hour	string	MR 上报小时时间
Lon_center	double	栅格中心经度
Lat_center	double	栅格中心纬度
gridx	int	热点栅格 X 轴值
gridy	int	热点栅格 Y 轴值

5）最终输出表

最终输出表 ads_hot_grid，如表 6-4 所示。

表 6-4　ads_hot_grid

字　段　名	字符类型	字段说明
user_num	Int	用户 IMSI（已脱敏处理）
Lon_center	double	热点栅格经度
Lat_center	double	热点栅格纬度
gridx	int	热点栅格 X 轴值
gridy	int	热点栅格 Y 轴值

6）算法说明

（1）ods_region_user：读取原始 csv 数据，导入 ods_user_location 表。

（2）dwd_user_grid：对 ods_user_location 表数据栅格化，将每一个用户经纬度位置匹配到一个栅格，栅格大小 100 m×100 m。

（3）ads_hot_grid：按照栅格进行用户数的聚合，统计每个栅格内的用户数量，根据定义栅格内用户数超过 100 个即定义为热点栅格。

7）算法实现

```
--本算法用于对数据源进行栅格化
create temporary function lonlat_grid as "com.hwg.udf.MySequence";
  //创建栅格化函数 jar 包
insert overwrite table hot_region.dwd_user_grid
select user_id, procedure_starttime, lon, lat, p_date, p_hour,
lonlat_grid(lon,lat,100,false)[0] as lon_center,
lonlat_grid(lon,lat,100,false)[1] as lat_center,
lonlat_grid(lon,lat,100,false)[2] as gridx,
lonlat_grid(lon,lat,100,false)[3] as gridy //对数据源位置信息进行栅格化
from key_region.ods_region_user
where lon is not null and lat is not null

--将热点栅格筛选出来
insert overwrite table ads_hot_grid
select * from
(select count(user_id) as user_num, lon_center,lat_center,gridx,gridy
from dwd_user_grid
group by lon_center,lat_center,gridx,gridy)
where user_num>100  //当栅格内位置数据量超过 100 时定义为热点栅格
```

4. 任务报告

（1）输出算法；

（2）输出结果表；

（3）结果的 BI 展示。

本章总结

本章系统介绍了室内定位技术、室外定位技术的基础原理，以及这些定位技术的对比和应用场景。无论哪种定位技术都是基于用户的位置数据、信息来进行更深入的应用。本章的任务是基于基站的用户位置信息来进行热点区域自动分析的。

习题 6

扫一扫看习题 6 及参考答案

1．目前主要的卫星定位系统有哪些？

2．什么原因导致基站定位精度无法很高？

3．基于地理位置的服务有哪些？

4．热点区域的定义是什么？举例说明。

5．本章分析基于位置信息的热点区域是使用什么代码语言实现的，为了可视化呈现分析结果使用了什么模块？

6．在本章分析基于位置信息的热点区域的分析代码中，调用 geopy 模块下的 distance 的目的是什么？

7．在本章分析基于位置信息的热点区域任务中，代码顶端有什么注意事项？

第7章 互联网业务质量大数据分析

7.1 移动互联网业务感知数据获取方式

移动互联网业务感知数据的获取主要有两种方式：测试 App 方式和信令及 DPI（Deep Packet Inspection，深度报文监测）方式。移动互联网业务感知测试 App 作为移动互联网业务感知分析系统的一部分，其在移动互联网业务感知分析系统中的位置如图 7-1 所示。

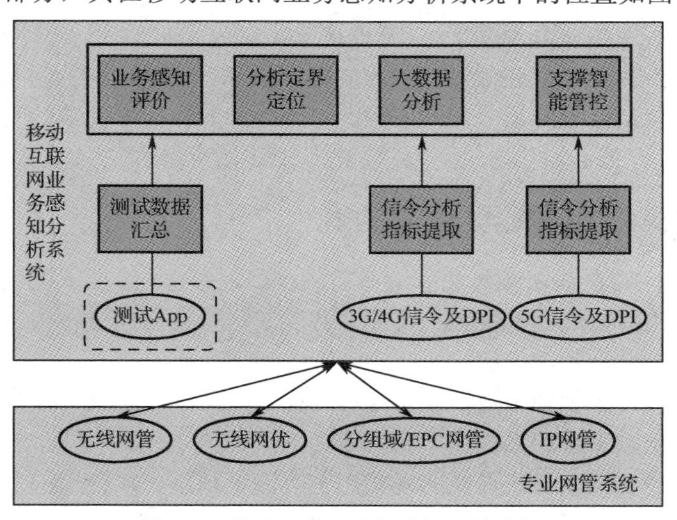

图 7-1 移动互联网业务感知分析系统

测试 App 及控制和预处理的逻辑架构包括以下两个部分：

（1）测试 App 部分：在智能终端上安装测试 App 软件，通过业务监测、业务测试两种工作模式，实现终端业务感知数据的采集，将测试数据上传至服务器。

（2）App 控制部分：对终端的采集进行集中控制，对配置的更新周期、软件版本更新检查周期、数据上传周期、业务配置等进行管理。

7.2 业务感知 App 的测试和监控功能

7.2.1 浏览类业务的测试与监测功能

业务感知 App 应对主流页面浏览类网站/应用发起端到端的访问测试，通过指定 URL 和测试次数，在应用层对 URL 发起 HTTP 请求，对请求和响应流程各阶段进行时间戳捕获，解析后获取以下指标：DNS 解析时延、首包响应时延、页面打开时延、请求地址、请求 IP、下载文件大小、下载文件速度、访问成功是否成功、建立连接时延、发送请求时延、接收响应时延。

移动网络页面浏览类业务感知指标主要体现在 HTTP 请求各阶段的时延，而业务感知 KQI 评价指标选用首包响应时延和页面打开时延。

（1）首包响应时延：用户发起浏览请求到收到目标服务器响应第一个 http 报文所经历的时长，单位为 ms。首包响应时延体现了用户感知到的浏览器对 HTTP 的响应是否有反应及时长。

（2）页面打开时延：用户发起浏览请求到收到整个 HTTP 页面下载完毕并渲染完成的时长，单位为 s。页面打开时延反映了用户从访问开始到页面打开所需要等待的时间，该指标影响业务感知。

App 在每次启动前进行一次待测试地址的请求，以便于根据不同阶段的测试需求进行调整。浏览类业务感知测试可以一次进行一个站点或多个站点的访问测试，按照既定顺序线性执行测试并回传测试结果。测试中，App 应显示完整的 HTTP 页面。

DNS 解析时延：从程序访问开始到完成 DNS 解析的时长；

建立连接时延：DNS 解析结束到 TCP 连接建立完成的时长；

发送请求时延：TCP 建立完成开始到收到响应的第一个数据包的时长；

接收响应时延：从接收到第一个响应数据包开始到响应接收完成的时长；

空口建立时延：从发起通信请求到建立无线信道连接所需的时长。

7.2.2 视频类业务的测试与监测功能

业务感知 App 应对在线视频类业务进行播放测试，通过指定要求的视频地址进行端到端的访问，通过模拟用户在线观看视频的实际业务，在视频访问的过程中，记录视频平均下载速率、峰值速率、卡顿次数等指标。

指标计算：用户发起视频播放请求后 10 s 内，每 500 ms 记录一次该阶段的下载速率，并统计出整个阶段视频下载的平均速率和峰值速率。

App 在启动时需要请求一次最新的视频浏览类测试地址，以便适应不同阶段的需求而对视频类业务感知 KQI 指标进行提取。

若请求的视频文件大约在 10 MB，在网络状况较好的情况下，如果不到 10 s 就已经下载完成，应只统计下载期间的速率。

7.2.3 即时通信类业务的测试与监测功能

业务感知 App 应对即时通信类业务进行消息发送和接收测试，通过在指定某种或某几

种即时通信工具上模拟用户发送消息和接收消息，获取到消息发送/接收的时延、速率及成功率。

移动网络的即时通信类业务感知指标主要体现在用户在使用此类应用时消息发送和接收的准确情况，业务感知 KQI 评价指标选用发送/接收成功率：

（1）消息发送是否成功：用户触发消息发送到服务器成功接收消息。

（2）消息发送接收时延：用户触发消息发送到对端用户接收成功所消耗的时间即消息发送接收时延。

（3）消息发送速率：发送速率可以用发送消息的大小/用户在触发消息发送到服务器接收成功所消耗的时间来衡量，发送的消息可以是文本、图片和视频。

（4）消息接收是否成功：发送消息在发送成功后，用户在接收端上接收到相同内容的消息即接收成功。

7.2.4　网络测速功能

业务感知App应对网络的吞吐率进行测试，测试过程包括下载速率测试和上传速率测试。网络测速通过 HTTP 协议进行，选用目前已有的测速服务器。

网络测速采集的指标包括下载平均速率、下载峰值速率、上传平均速率和上传峰值速率。

（1）下载平均速率：用户在触发网络测速下载测试时，整个下载过程的平均速率：下载消耗数据量/下载消耗时长。

（2）下载峰值速率：用户在触发网络测速下载测试时，在整个下载过程中每 500 ms 记录一次速率情况，取其中最快的几个峰值速率。

（3）上传平均速率：用户在触发网络测速上传测试时，整个上传过程的平均速率：上传消耗数据量/上传消耗时长。

（4）上传峰值速率：用户在触发网络测速上传测试时，在整个下载过程中每 500ms 记录一次速率情况，取其中最快的几个峰值速率。

（5）支持多线程测试，针对 3G 网络只使用单线程测试，针对 4G/5G 网络开启多线程测试（暂定开 4 线程）。

（6）测速开始前应首先发起 Ping 测试，确保测速服务器能正常访问。如果 Ping 超时，应提示用户测速服务器不可用。

（7）本项功能应实现为一键测试，用户不用进行更多操作。

（8）测速应按归属省份下发不同网址。但对于漫游用户上报的测试数据应在进行统计时剔除（后台进行操作）。测速所用文件为 100 MB 以上，测速时间为 10 s。

7.2.5　全自动测试

通常业务感知 App 都具备一键式全自动测试功能。在测试中，根据服务器所下发的配置参数完成网页、视频、测速测试。在测试中，应对目标网址依次进行测试，并在 App 上显示测试结果（非后台处理方式）。

App 具备在网络出现异常情况导致超时的情况下，能启动辅助诊断工具对目标网址进行分析检测，并且将诊断结果呈现在 App 上的功能。如果有网站访问出现异常，可以即时在后台调用辅助诊断工具，待测试结束后再把辅助诊断工具的测试结果呈现在 App 上。

7.2.6 业务监测数据采集

业务监测数据采集主要包括以下几个方面的数据采集。

1. 业务行为数据采集

业务感知 App 应在不干扰用户正常使用网络和业务的前提下，在用户使用手机进行各种数据业务的过程中，对手机上发生的业务感知数据进行采集，并同时记录业务发生时的无线环境信息。

具体记录数据包括业务使用开始时间、App 名称、IMSI、MEID、地市、网络制式、使用 App 业务的时长、上行流量、下行流量、上行速率、下行速率。上下行速率指标获取应剔除无数据流量的时间段。

2. 连接数据采集

业务感知 App 业务监测主要 KPI 指标包括建立数据连接成功率和建立时延。

在用户使用手机 App 进行数据业务时，记录手机由无数据连接状态转换为进入数据连接状态的成功率和所用时间。记录以下信息：业务使用开始时间、IMEI、IMSI、建立数据连接是否成功、建立数据连接时延、网络制式、CDMA（SID、NID、BSID、信号强度）/NR（Ci、Pci、TAC、ENBID、RSRP、RSRQ 和 SINR）。

3. 诊断数据采集

公众版业务感知 App 进行被动式监测时，可以在业务访问出现问题时调用辅助诊断工具进行诊断数据采集，并上报诊断结果。

7.3 业务感知 App 的优化

7.3.1 浏览业务首包响应时延优化

1. 首包响应时延的流程

首包时延指发起浏览请求到收到目标服务器响应第一个 http 报文的时长，单位为 ms。网页首包时延=空口建立时延+DNS 解析时延+TCP 建立时延+发送请求时延。

在智能终端浏览网页打开过程中，首先要建立无线信令连接；之后终端与高层网络握手（TCP 建立过程），握手确认后，获取页面建立相关信息，并显示页面内容，如图 7-2 所示。

在智能终端浏览网页打开的流程可以对应到以下几个阶段和时延。

空口建立时延：无线接入时延，此阶段智能终端收到上层浏览业务请求，完成空口随机接入和 RRC 连接建立，并发起 Service Request 请求完成相关承载建立的过程。

DNS 解析时延：DNS 解析时延是智能终端浏览器客户端向 DNS 服务器查询目的域名的 IP 地址过程中引入的时延。由于客户端在获取一次 DNS 查询结果后，会将此结果缓存，直到查询结果老化时间到，才会再次发起 DNS 查询。这意味着 DNS 查询不是每次网页浏览业务必须经历的业务环节。

TCP 建立连接时延：TCP 握手时延，在获取服务器 IP 地址后，客户端即发起对应 IP 的 TCP 连接建立请求，与服务器侧交互，完成 TCP 连接建立。

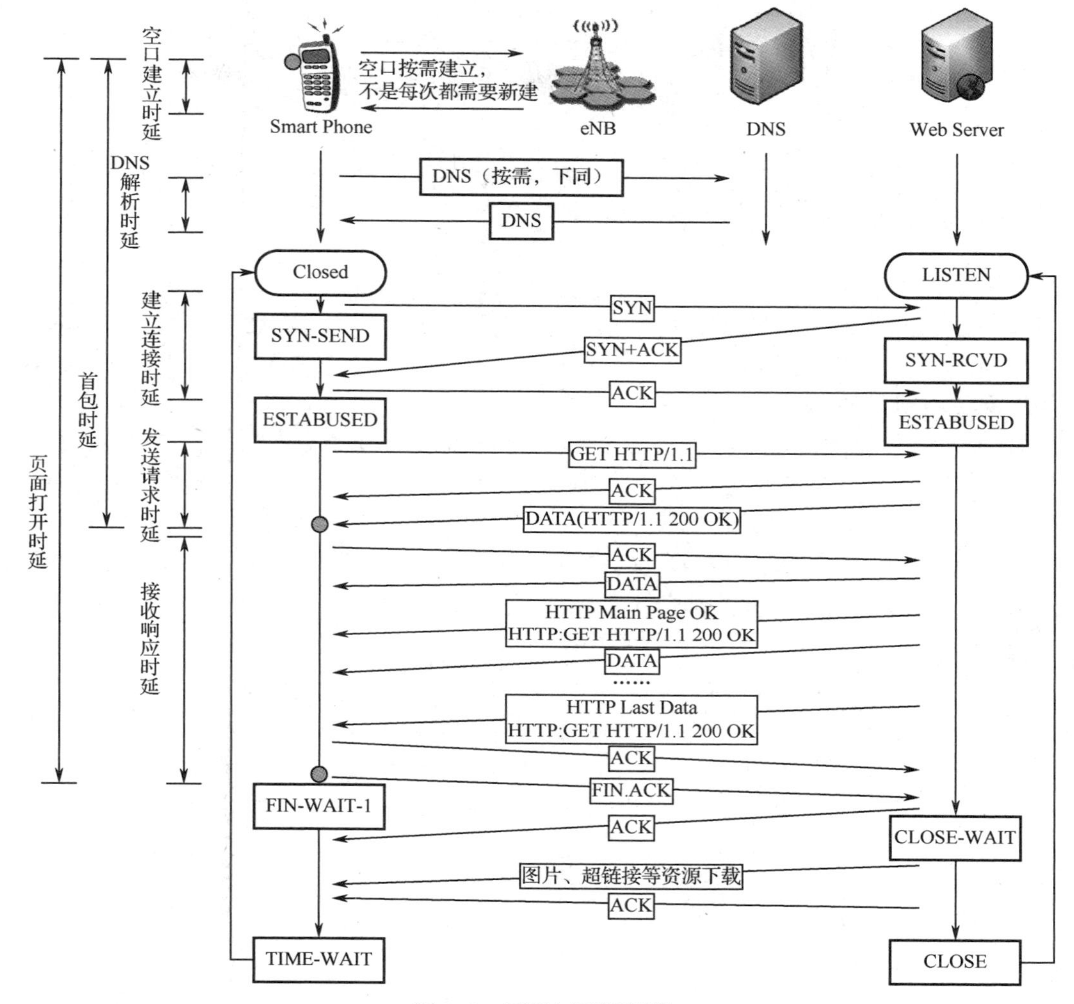

图 7-2　网页打开流程图

发送请求时延：GET-ACK 时延是指从客户端发起第一个 GET 请求，获取浏览网页对应的 HTML 文件到收到服务器针对该 TCP 报文的 TCP ACK 的时长。

接收响应时延：指客户端收到服务器下发的首个业务包到收到服务器下发的最后一个业务包的时长。

2. 首包响应时延的分析

使用业务感知软件（移动互联网业务感知系统）对某网站浏览类业务进行测试。相关结果如下，其中 DNS 解析时延 30 ms、建立连接时延 55 ms、发送请求时延 636 ms、首包时延 721 ms、页面打开时延 1 176 ms。从软件统计来看，首包时延较长主要是发送请求时延比较长所导致。

1）空口时延

在 NR 系统中，处于空闲状态的智能终端发起网页浏览业务，需要建立无线空口连接，智能终端会发起 Service Request 触发物理层初始随机接入，建立 RRC 连接，再通过初始值建

立传输 NAS 消息的信令连接，最后建立 E-RAB，整个过程称为空口接入过程。空口接入过程的时延相对比较短，大约 50 ms，但空口接入过程受无线环境的影响较大。

2）DNS 解析时延

使用 Wireshark 对抓取的数据包进行分析，软件测试显示 DNS 时延为 30 ms，单次测试后台信令共抓取到三次到 m.b**d*.com 的 DNS 请求，均值大约 30 ms。

3）TCP 建立时延

每次 DNS 分别对应一次 TCP 建立请求，多次抓包统计分析，DNS 时延约为 57 ms。

4）发送请求时延

因该网页进行了加密传输，首先是加密过程，接着是应用数据的传输。结合软件测试的时延统计，发送请求时延有可能是以 Client Hello 为起点，以目标服务器下发的第一个 Application Data 为节点统计的。

第一次访问网址 163.177.151.98，从发起 GET 请求到网页响应时延为 156 ms，在多次测试分析中，发送请求时延大部分都是 636 ms 左右，如表 7-1 所示。

表 7-1　发送请求时延测试表

测　试	IP 地址	发送请求时延（ms）	页面大小（kB）
No1	163.177.151.98	156	105
No2	163.177.151.99	636	164
No3	163.177.151.99	634	164
No4	163.177.151.99	634	165
No5	163.177.151.99	635	165
No6	163.177.151.98	637	164
No7	163.177.151.98	633	164
No8	163.177.151.99	636	165

5）页面大小的分析

从上面几个阶段的时延来看，发送请求时延相对比较长。对发送请求时延较长的几次测试进行分析，首包从与服务器建立加密链路后又经过多个数据包，页面大小（大于 150 kB）首包分解成多个应用包，需要所有的包都全部获取到才算完成，因此导致发送请求时延较长。页面大小会影响到发送请求时延，从而影响到首包时延。该网站大小页面在各个阶段的时延如表 7-2 所示。

表 7-2　网站大小页面在各个阶段的时延

	页面大小（ms）	DNS 时延（ms）	TCP 建立时延（ms）	发送请求时延（ms）	首包时延（ms）	页面打开时延（ms）
小页面	39	60	272	371	764	105.6
大页面	41	66	511	618	1209	164.7

3. 减少首包时延的优化方法

首包时延在信令上由空口建立时延、DNS 解析时延、TCP 建立时延和发送请求时延几个部分组成，对这几个阶段的优化，主要涉及以下几个方面。

1）无线环境优化

对覆盖不好的区域，可以通过天馈下倾角和方位角的调整，提升 RSRP。在 RSRP 较好的区域，减少网内外的干扰，提升 SINR 值，适当在 RSRP 与重叠覆盖系数上进行互换取舍，降低重叠覆盖率。

2）避免处于休眠（DRX）

基于包的数据流通常是突发性的，在一段时间内有数据传输，但在接下来较长的一段时间内没有数据传输。在没有数据传输时，可以通过停止接收 PDCCH 来降低功耗，从而延长电池使用时间，这就是 DRX 的由来。DRX 的基本机制是为处于 RRC_CONNECTED 态的 UE 配置一个 DRX Cycle。DRX Cycle 由“On Duration”和“Opportunity for DRX”组成：在“On Duration”时间内，UE 监听并接收 PDCCH（激活期）；在“Opportunity for DRX”时间内，UE 不接收 PDCCH 以减少功耗（休眠期），如图 7-3 所示。

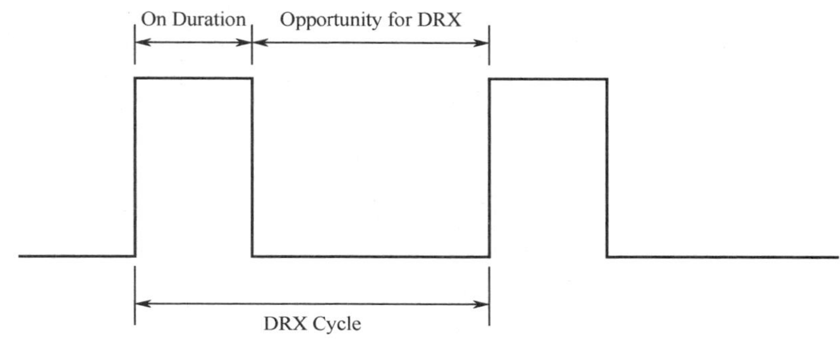

图 7-3 DRX Cycle 示意图

由图 7-4 可见，在时域上时间被划分成一个个连续的 DRX Cycle。每当 UE 被调度初传数据时，就会启动（或重启）一个定时器 DRX-Inactivity Timer，UE 将一直位于激活态直到该定时器超时。DRX-Inactivity Timer 指定了 UE 接收用户数据的 PDCCH 后持续位于激活态的连续子帧数。即每当 UE 有数据被调度，该定时器就重启一次。当 UE 在“On Duration”期间收到一个调度时，UE 会启动一个 DRX-Inactivity Timer 并在该 Timer 运行期间的每个子帧监听 PDCCH。当“DRX-Inactivity Timer”运行期间收到一个调度信息时，UE 会重启该 Timer。当“DRX-InactivityTimer”超时或收到 DRX Command MAC Control Element 时：①如果 UE 没有配置 Short DRX Cycle，则直接使用 long DRX Cycle；②如果 UE 配置了 Short DRX Cycle，UE 会使用 Short DRX Cycle 并启动（或重启）Drx Short Cycle Timer，当 Drx Short Cycle Timer 超时，UE 再使用 Long DRX Cycle。

在 UE 打开网页的过程中，由于 UE 终端的不连续接收，当在首包时延统计过程中终端处在休眠态时，会导致首包时延的增加。因此，可以通过调整 DRX 参数，降低 UE 进入休眠态的周期，以减少首包时延，减小页面打开的时延。

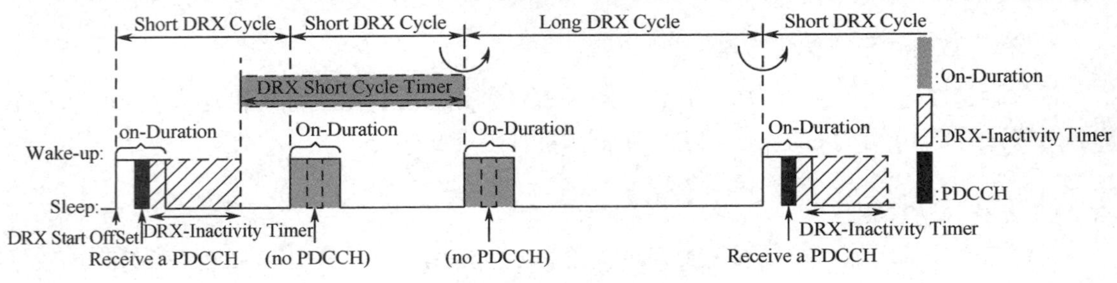

图 7-4　DRX 流程图

3）增加 HARQ 重传次数

HARQ（混合自动重传）请求是一种结合 FEC（前向纠错）与 ARQ（自动重传请求）方法的技术。FEC 通过添加冗余信息，使得接收端能够纠正一部分错误，从而减少重传的次数。对于 FEC 无法纠正的错误，接收端会通过 ARQ 机制请求发送端重发数据。接收端使用检错码（通常为 CRC 校验）来检测接收到的数据包是否出错。如果无错，接收端会发送一个肯定的确认（ACK）给发送端，发送端收到 ACK 后，会接着发送下一个数据包。如果出错，接收端则会丢弃该数据包，并发送一个否定的确认（NACK）给发送端，发送端收到 NACK 后，会重发相同的数据。ARQ 机制采用丢弃数据包并请求重传的方式，虽然这些数据包无法被正确解码，但其中还是包含了有用的信息，如果丢弃了，这些有用的信息就丢失了。通过使用 HARQ With Soft Combining（带软合并的 HARQ），接收到的错误数据包会保存在一个 HARQ Buffer 中，并与后续接收到的重传数据包进行合并，从而得到一个比单独解码更可靠的数据包（“软合并”的过程）。然后对合并后的数据包进行解码，如果还是失败，则重复“请求重传，再进行软合并”的过程。HARQ 对无线网络性能的影响：HARQ 重传次数设置得越少，由 HARQ 重传导致的无线资源开销越小，无线链路的可靠性越低；HARQ 重传次数设置得越多，无线链路的可靠性越高，但由 HARQ 重传导致的无线资源开销越大。通过提升上下行的 HARQ 重传次数，可以增加传输成功的概率，进而减小空口传输时延。

4）DNS 代理功能

DNS 代理功能指基站保存域名和 IP 的对应关系信息，UE 请求的 DNS 查询，如果基站存在对应的域名和 IP 对应关系，eNB 直接给 UE 发送 DNS 查询响应并同时把 DNS 请求发送给应用服务器，并根据影响结果更新域名和 IP 对应关系。

5）预调度

用户在访问网页时，一般都会发起 TCP 建链，TCP 建链完成后会发起 GET/POST 及回应对应下行报文 ACK 等其他请求，发起这些请求都需要申请上行资源，而使用正常的流程来申请上行资源的过程所耗费的时间较长，导致整体网页访问时延过大。

在图 7-5 所示的预调度流程中，基站侧通过识别 HTTP 相关报文，判断终端是否需要进行回应，预估回应字节的大小及时间点，在对应时间内给予一个精准的授权，这样终端在需要发送上行数据时，不再需要走动态调度流程而是直接使用这个授权（不再使用流程图中虚线流程），可以极大地改善上行数据发送时延，进而改善网页的访问时延。

HTTP 预调度：通过对 TCP 端口进行识别，如果识别为 80/8080/443 端口，当有下行数据包主动进行上行的预调度用于反馈上行的 TCP ACK 时，根据每个下行数据包的大小，预估 TCP ACK 的个数；根据预配置 ACK 的大小，预估上行预调度的大小。

GET 预调度：对下行的 SYN ACK 进行识别，当识别后，主动进行上行的预调度把三次握手的上行 ACK 消息及后续的 GET 消息包住，不需要通过触发 SR 上行数据发送。

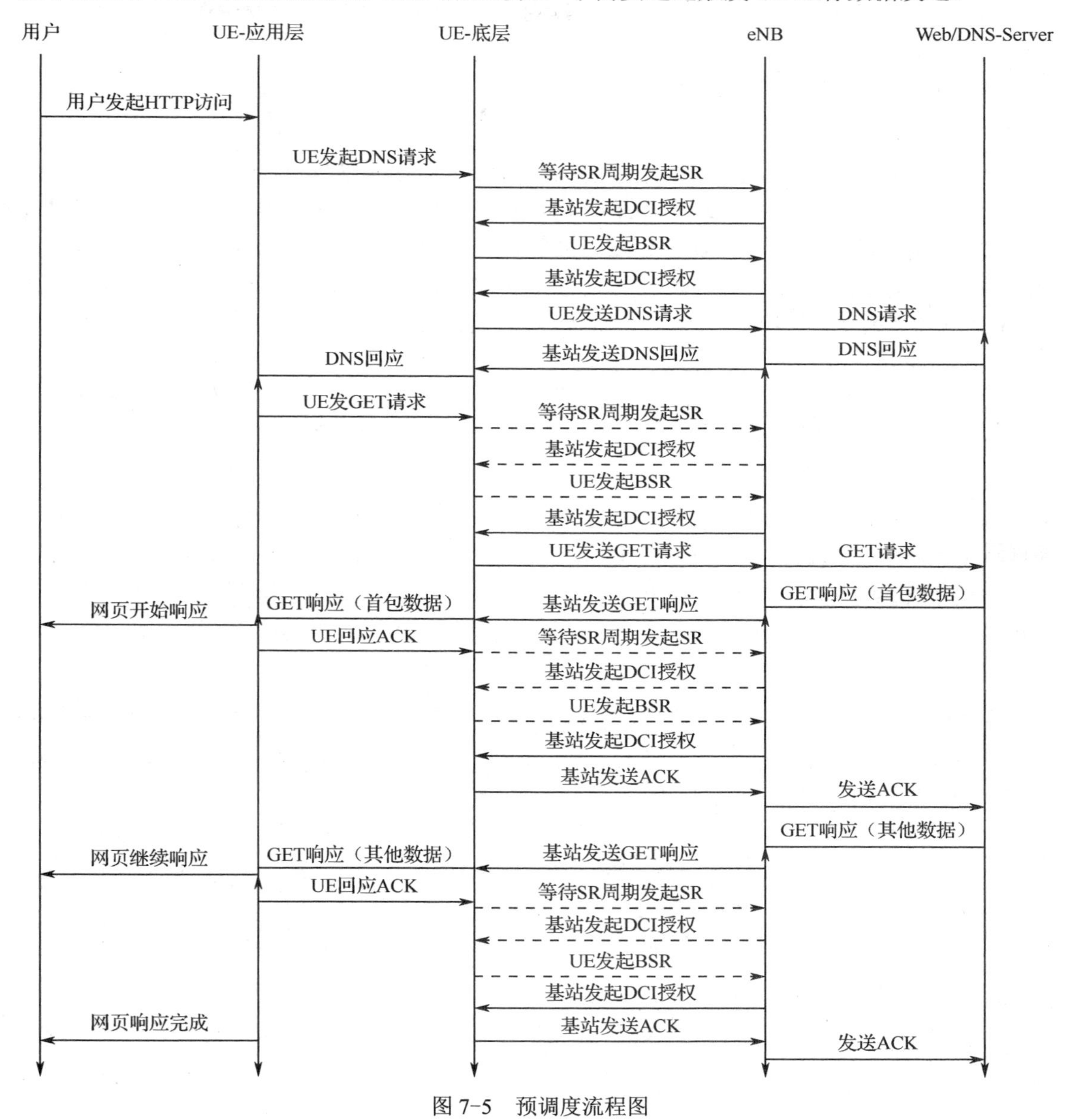

图 7-5 预调度流程图

6）TCP 乱序重排

基站侧对核心网发来的乱序 TCP 数据包进行重新排序，从而在一定程度上减少不必要的下行重传，提高发送效率，可能对时延和速率都有一定增益，对下行传输报文乱序的场景有效。此参数指示了 eNB 是否允许使用 TCP 重新排序功能。在该开关打开的情况下，核心网络的乱序 TCP 业务在 eNB 侧被重新排序，按照 TCP 的序号顺序被发送到空口。在该开关关闭的情况下，eNB 按照从核心网接收到的顺序，将业务数据发送到空口。打开该开关，有利于减少 TCP 业务的传输时延和抖动。

7）服务器和路由优化

通过对多个网站信令跟踪分析，发现不少浏览类业务访问的地址都在省外，导致路由变长、时延增大，因此，可以通过推动 IDC 托管、路由选择优化、服务器性能优化、镜像服务器部署等措施减少首包时延，提升相关感知指标。

4. 首包时延优化提升效果

通过采取以上首包时延改进优化手段，并且与该网站技术人员沟通后得知减小了发送请求时延页面大小的影响，访问该网站的首包时延得到明显改善。通过移动互联网业务感知系统测试，首包时延减少至 454 ms。用 Wireshark 进行抓包时延分析，首包时延减少到 452 ms。优化后，各个阶段的时延均有改善，特别是发送请求时延由优化前的 636 ms 减少到优化后的 388 ms，减少幅度达到 40%，使得首包时延从 721 ms 减少到 454 ms，减少幅度为 37%，达到了优良率的要求。

7.3.2 手机游戏业务时延优化

1. 手机游戏业务特性分析

某手机游戏作为 2017 年度全球手机游戏综合收入榜冠军，注册用户达 2.2 亿，日活跃用户超过 5 500 万，单用户日均对局数达 2.33 场，单用户日均使用时长为 47.2 min。

通过分析手机侧抓包和用户话单提取的数据，发现该手机游戏的特性：①3 条数据流贯穿客户端与服务器；②UDP 协议与 SP 频繁交互导致用户对时延要求较高。

1）数据流协议特征

该手机游戏运行主要采用 2 种协议，其中 TCP 协议数据包用来进行数据保活，而 UDP 协议数据包则用来实现时延探测和同步交互。通过业务感知平台的解析可知，游戏过程中有 3 条数据流贯穿于客户端与服务器之间。该手机游戏交互示意图如图 7-6 所示。

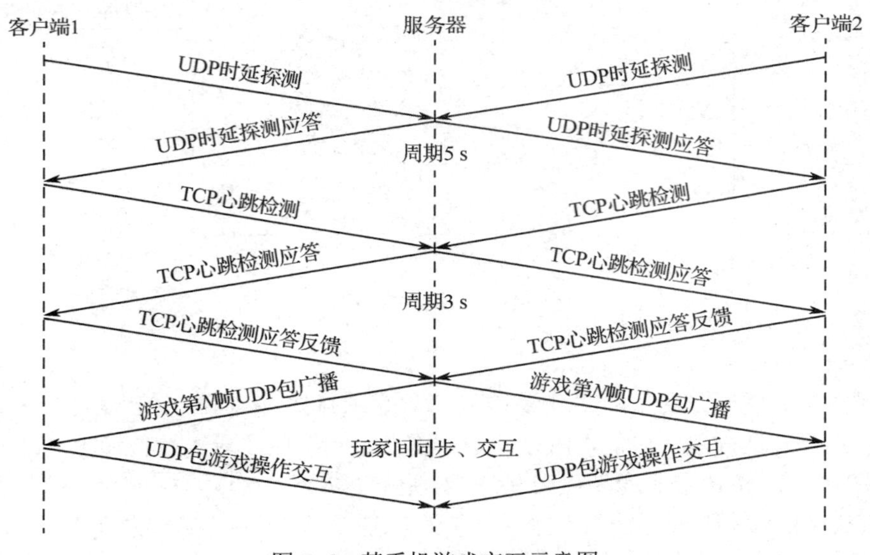

图 7-6　某手机游戏交互示意图

（1）时延探测流：UE 向服务器发起 UDP 报文进行链路时延评估，报文包含 Start 字段，

周期为 5 s，净负荷为 60B；服务器应答报文包含 Stop 字段，净负荷为 58B。

（2）TCP 心跳检测流：UE 向服务器发起 TCP 报文，周期 3 s，保持链路激活，同时服务器采用 TCP 数据包向用户推送皮肤、广告等数据。

（3）玩家同步交互流：通过 UDP 流的频繁小包交互，实现玩家间状态同步及信息传递，且游戏界面内置的网络诊断功能主要通过发送 3 个 15B 的 UDP 包测试网络时延，导致用户对时延特别敏感。

2）时延敏感特性

游戏中信息交互和时延评估均采用 UDP 小包数据，其链路贯穿游戏始终，手机侧抓包显示，该手机游戏对网络带宽的要求较低，仅在游戏结束上传战绩时出现上行瞬时峰值速率。

由用户话单提取和投诉分析可知，虽然游戏消耗流量较少，但对时延的要求较高。游戏界面实时显示网络时延值，随着游戏交互时延增大，游戏体验感逐渐变差。时延在 105 ms 以下体验流畅；105～150 ms 略有卡顿；150 ms 以上明显卡顿，影响正常游戏；200 ms 以上非常卡顿，无法正常进行游戏。

2. 手机游戏业务时延优化方案

1）业务感知提升思路

从终端到服务器，游戏业务数据传输需通过多层网络的共同作用，任何一个环节都会对实际体验产生影响，影响游戏感知的网络因素如图 7-7 所示。

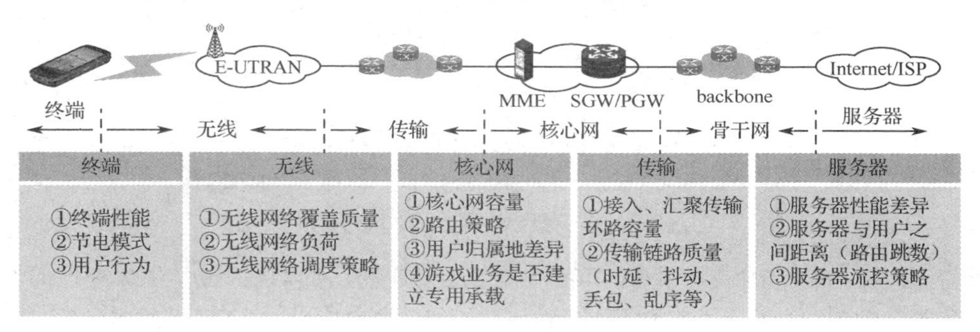

图 7-7 影响游戏感知的网络因素

针对各层网络，采用“六维”时延探测法，在不同网元实施抓包分析和 Ping 测试，实现时延分段定位，精准定位网络问题，如图 7-8 所示。

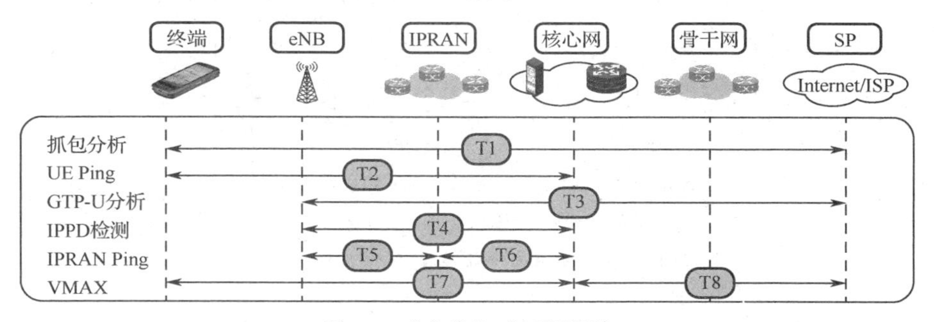

图 7-8 “六维”时延探测法

通过对影响游戏感知的网络因素分析，结合“六维”时延探测法总结出手机游戏感知提升的 6 个方面。

（1）无线调度优化：SR、PRB、DRX 等参数优化；
（2）无线干扰处理：外部干扰排查，提升覆盖质量；
（3）无线覆盖提升：新建站点、故障处理；
（4）无线容量提升：载波扩容、频谱复用；
（5）传输通路优化：传输容量和质量提升；
（6）核心网络优化：容量提升和路由策略优化。

2）无线高负荷问题处理

高负荷问题影响：高负荷主要表现为下行 PRB 利用率高，需要调度的用户数多，小区负荷较高时，会影响需要调度的游戏用户的网络时延。

高负荷处理举措：提升网络容量，降低单载波 PRB 利用率，采用载波扩容、新增站址等方式，对 4G 网络实施扩容。

以某校园 L1.8&L2.1 双频站点为例，该站连续 2 周（01 月 11—17 日）为手机游戏卡顿小区，通过查询 KPI 指标，本站负荷最小小区自忙时 PRB 利用率持续高于 80%，下行 PDCP SDU 时延超过 100 ms，已无载波扩容和负荷均衡的空间，如图 7-9 所示。

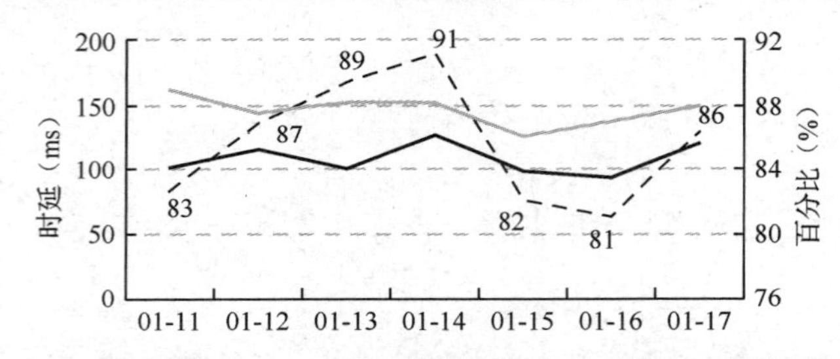

图 7-9 负荷最小小区自忙时 KPI 指标

设置宏站时与物业的谈判艰难，其信号覆盖难以控制，所以选择在学生聚集地部署小站，既能改善容量效果，又易于对覆盖信号控制。图 7-10 给出了采用小站扩容后整站 1 周（日期 01 月 15—20 日）忙时 KPI 的变化趋势。

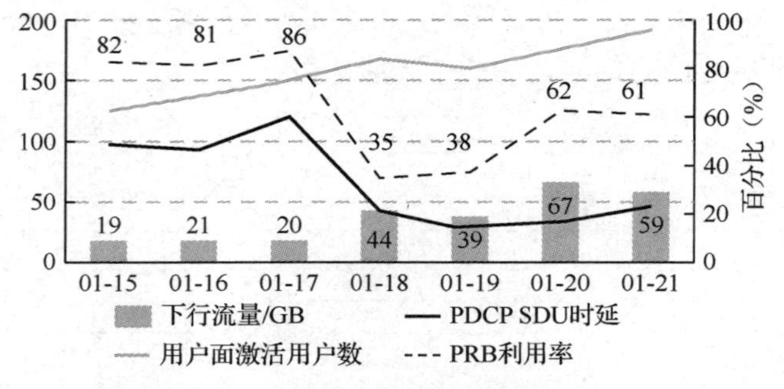

图 7-10 采用小站扩容后整站忙时 KPI 变化趋势

3）上行干扰规避处理

上行干扰影响：小区上行干扰较大时会导致上行 BLER 突变较大，引发上行 MCS 和 Tbsize

偏低，导致游戏时延突变较大，尤其是对于闲时平均底噪高于-100 dBm 的小区，游戏卡顿较为明显。如图 7-11 所示为不同底噪小区 UDP 小包时延采样值对比。

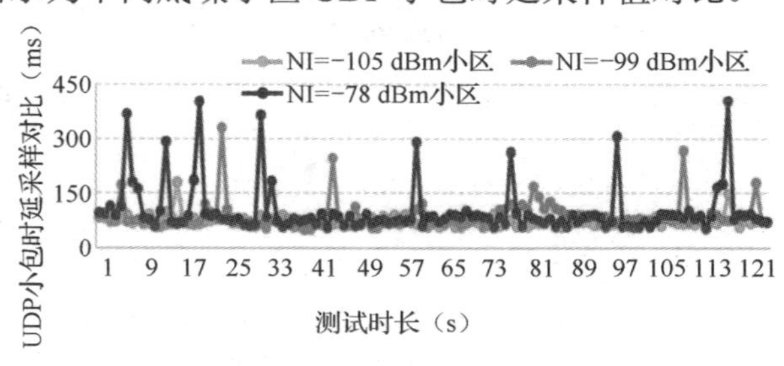

图 7-11　不同底噪小区 UDP 小包时延采样值对比

干扰规避举措：针对上行干扰较大的小区，一方面通过外部干扰排查和老旧射频元器件替换等方式予以解决；另一方面通过打开上行频选参数的方式，选择干扰低的频段有效降低游戏小区卡顿比率。

4）无线参数优化

调度效率参数：将 SR 调度周期由 40 ms 和 20 ms 优化为 20 ms 和 10 ms，减小游戏用户调度周期，并增加小 SR 使用概率。图 7-12 给出了不同 SR 配置下游戏 UDP 时延采样对比。

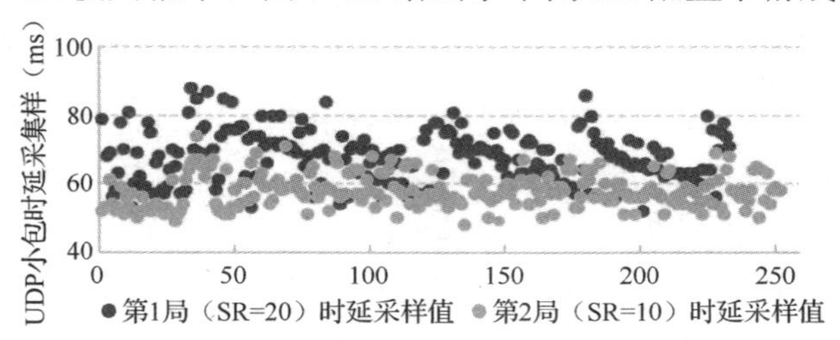

图 7-12　不同 SR 配置下游戏 UDP 时延采样对比

资源配置参数：将高负荷站点下行 PBR（ Prioritised Bit Rate 优先比特率）由 32 kbps 调整至 256 kbps，保障 PBR 配置大于用户的游戏交互速率（约 80 kbps）。

DRX 功能参数：通过将 NGBR 业务的 DRX 去使能化，降低 UE 进入不连续接收状态带来的较大游戏时延。如图 7-13 所示为在 2 周（日期 11 月 14 日—28 日）内 DRX 修改前后下行 PDCP SDU 时延采样对比。

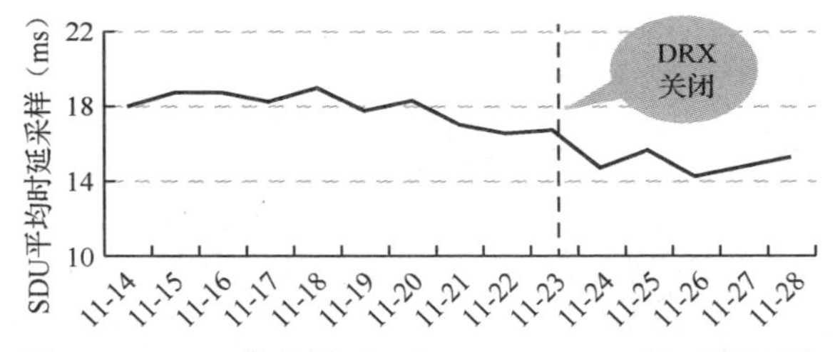

图 7-13　DRX 修改前后下行 PDCP SDU 时延采样对比

5）传输环路扩容

传输带宽会对游戏运行造成影响，当传输接入环资源利用率过高时，将导致该接入环下小区传输时延偏高，进而引发游戏卡顿现象。因此需对相应的传输环链路进行扩容，缓解传输接入环的高负荷问题。如图 7-14 所示为传输接入环负荷过高导致的 MME 时延过大。

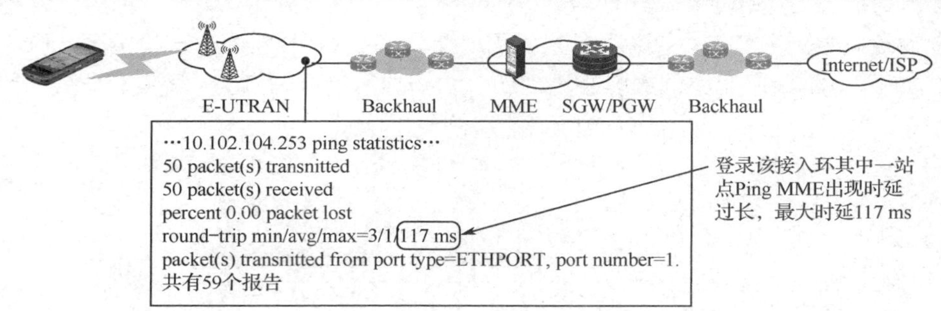

图 7-14　传输接入环负荷过高导致 MME 时延过大

通过对高负荷环路进行扩容，峰值带宽利用率显著下降，该接入环下的日均卡顿小区数得到明显改善。

如图 7-15 所示为在 1 周（03 月 29 日到 04 月 03 日）内扩容后带宽利用率和卡顿小区改善情况。

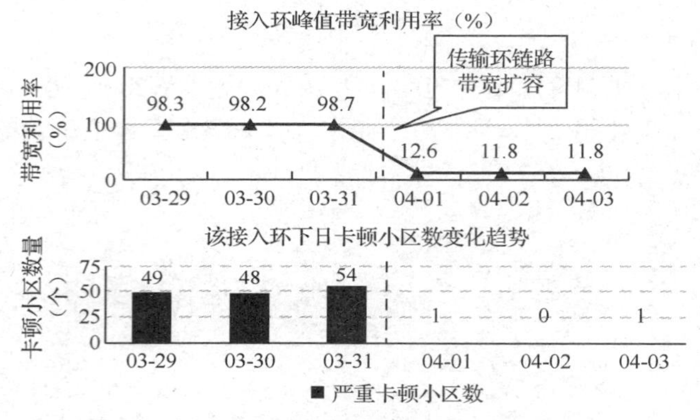

图 7-15　扩容后带宽利用率和卡顿小区改善情况

6）QCI 专载游戏加速

一般情况下，用户对战时采用默认的 QoS（QCI9）进行数据转发，游戏业务没有差异化对待；通过为游戏用户设置专载 QCI（QoS3）进行游戏加速，而小包业务（微信、网页浏览）继续使用 QCI9，从而能够有针对性地保障游戏的带宽和时延。为提高核心网层面的灵活性及减少对 OTT 参与要求的限制，可采用前向加速方案进行部署，具体的网元要求如下（如图 7-16 所示为 QCI 专载前向加速示意图）。

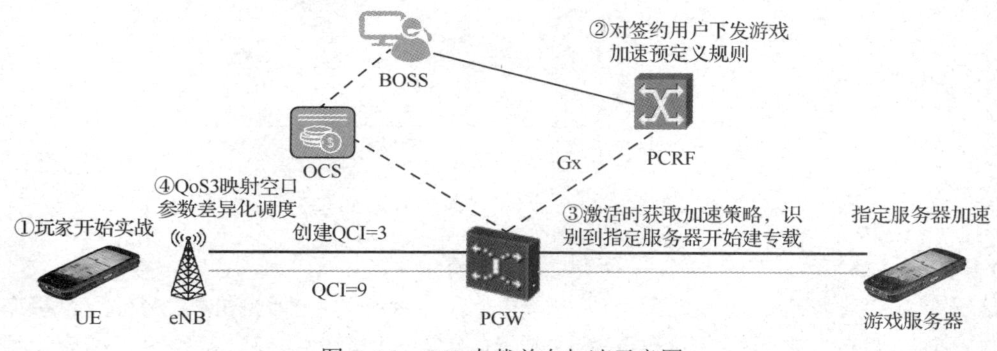

图 7-16　QCI 专载前向加速示意图

（1）PCRF：配置游戏签约策略和签约用户。

（2）UGW：基于游戏提供服务器地址加速策略和匹配后的 QoS 参数。

（3）eNB：配置小区 QCI3 调度优先级、预调度策略和 DRX 等参数。

以某地为例，通过开启 QCI 专载，手机游戏加速，用户体验提升明显，无卡顿比例显著上升，严重卡顿比例大幅下降。

（1）无卡顿情况：相比保障前，无卡顿比例从 66.11%提升到 81.21%，相对提高 22.84%。

（2）有卡顿情况：较严重和严重卡顿比例分别从 4.44%和 8.33%均下降到 1.82%，改善比例超过 59%。

参数解释：

BOSS：业务运营支撑系统。

OCS：在线计费系统。

PCRF：Policy and Charging Rule Function 策略和计费规则功能。

OTT：互联网公司越过运营商，发展基于开放互联网的各种视频及数据服务业务，强调服务与物理网络的无关性。

7.3.3　热门 App 大数据算法

前面介绍了业务感知 App 的测试和监控功能、浏览类业务首包打开时延、游戏类业务的网络问题及优化方法，本节主要介绍抖音、微信等热门 App 业务质量大数据分析的算法设计、算法开发和算法实现。

算法设计逻辑：筛选出入库时间为当天且测试业务正常的抖音业务，存放入临时表；筛选当天的采样点数据存入临时表；筛选微信当日的业务数据存入临时表。抖音卡顿业务筛选并获取卡顿时段的采样点信息，判断是否为弱覆盖；微信发送超时业务问题筛选并获取问题时段的采样点信息，判断是否为弱覆盖。将符合筛选问题标准的指标信息存入结果表对应的分区中。

热门 App 业务质量大数据算法逻辑如图 7-17 所示。

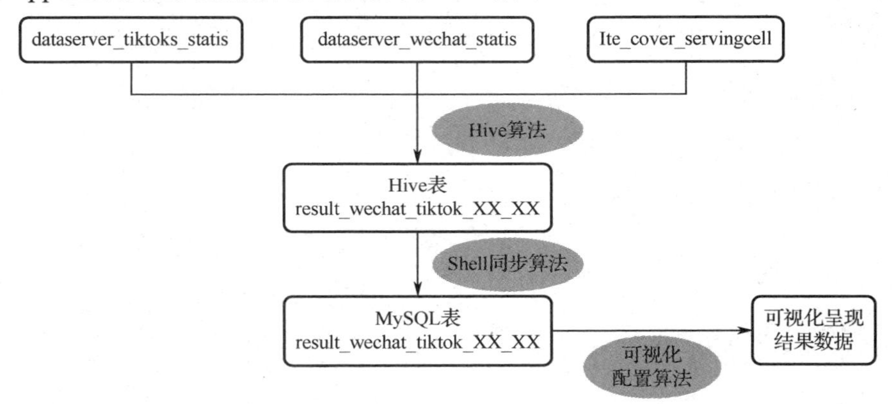

图 7-17　热门 App 业务质量大数据算法逻辑

1. 算法开发

```
insert overwrite table edu_resdata.result_wechat_tiktok__
  ${student_name}__${student_id} partition(dt_day=${dt_day},dt_hour=
  ${dt_hour})select
```

```
    *
from
    (
    select
        a.dataid,
        a.taskid,
        '抖音卡顿' as problem_type,
        a.playstarttimestamp as starttime,
        a.endtimestamp,
        b. 'timestamp',
        b.longitude as lon,
        b.latitude as lat,
        a.interruptnum,
        cast(b.servingrsrp as decimal(10,2)) as servingrsrp,
        avg(servingrsrp) over (partition by a.dataid,a.taskid) as avg rsrp,
        max(servingrsrp) over (partition by a.dataid,a.taskid) as
          max_rsrp,
        min(servingrsrp) over (partition by a.dataid,a.taskid) as min rsrp
    from edu_tmpdata.temp_tiktok_${student_id} a
    left join edu_tmpdata.temp_lte_servingcell_${student_id} b on
      a.dataid=b.dataid
    where a.interruptnum>0 and a.playstarttimestamp<=b. 'timestamp' and
    b.'timestamp'<=a.endtimestamp

    union all

    select
        a.dataid,
        a.taskid.'微信超时'as problem_type,
        a.starttimestamp as starttime,
        a.endtimestamp,
        b. 'timestamp',
        b.longitude as lon,
        b.latitude as lat,
        unix_timestamp(a.endtimestamp) - unix_timestamp(a.starttimestamp)
          as interruptnum,
        cast(b.servingrsrp as decimal(10,2)) as servingrsrp,
        avg(servingrsrp) over (partition by a.dataid,a.taskid) as avg rsrp,
        max(servingrsrp) over (partition by a.dataid,a.taskid) as max rsrp,
        min(servingrsrp) over (partition by a.dataid,a.taskid) as min_rsrp
    from edu_tmpdata.temp_wechat_${student_id} a
    left join edu_tmpdata.temp_lte_servingcell_${student_id} b on
      a.dataid=b.dataid
    where a.serviceresult='Timeout' and a.starttimestamp<=b. 'timestamp'
    and b. 'timestamp'<=a.endtimestamp
    order by problem_type asc,taskid asc,`timestamp` asc
    ) x
where avg_rsrp<-105
;
```

2. 输入表

输入 lte_cover_servingcell 表如表 7-3 所示。

说明：库名为 edu_odsdata（这里只列举有用字段，并非所有字段）。

表 7-3　lte_cover_servingcell

字 段 名	字 符 类 型	字 段 说 明
dataid	int	测试数据流 ID
logdate	date	测试日期
Timestamp	timestamp	采样点时间
longitude	double	采样点经度
latitude	double	采样点纬度
EARFCN	bigint	频点
ServingPCI	bigint	PCI
ServingRSRP	float	采样点 RSRP
ServingRSRQ	float	采样点 RSRQ
ServingSINR	float	采样点 SINR
p_date	string	数据入库日期分区
p_hour	int	数据入库小时分区

输入 dataservice_tiktok_statis 表如表 7-4 所示。

说明：库名为 edu_odsdata（这里只列举有用字段，并非所有字段）。

表 7-4　dataservice_tiktok_statis

字 段 名	字 符 类 型	字 段 说 明
dataid	int	数据流 ID
logdate	date	测试日期
taskid	int	抖音业务测试记录 ID
playstart	string	记录状态
interruptnum	int	卡顿次数
playstarttimestamp	timestamp	业务测试开始时间
endtimestamp	timestamp	业务测试结束时间
p_date	string	数据入库日期分区
p_hour	int	数据入库小时分区

输入 dataservice_wechat_statis 表如表 7-5 所示。

说明：库名为 edu_odsdata（这里只列举有用字段，并非所有字段）。

表 7-5　dataservice_wechat_ statis

字 段 名	字 符 类 型	字 段 说 明
dataid	int	数据流 ID
logdate	date	测试日期

续表

字 段 名	字 符 类 型	字 段 说 明
taskid	int	微信业务测试记录 ID
serviceresult	string	测试业务结果
starttimestamp	timestamp	业务测试开始时间
endtimestamp	timestamp	业务测试结束时间
p_date	string	数据入库日期分区
p_hour	int	数据入库小时分区

3. 最终输出表

输出 result_wechat_tiktok 表如表 7-6 所示。

表 7-6　result_wechat_tiktok

字 段 名	字 符 类 型	字 段 说 明
dataid	int	dataid
taskid	int	事件记录 ID
problem_type	string	问题类型名称（微信发送失败/抖音卡顿）
starttime	timestamp	问题开始时间
endtimestamp	timestamp	问题结束时间
timestamp	timestamp	采样时间
lon	double	采样经度
lat	double	采样纬度
playstart	string	事件状态
interruptnum	int	卡顿次数/发送超时时长
servingrsrp	float	采样点 RSRP
avg_rsrp	float	问题时段内平均 RSRP
max_rsrp	float	问题时段内最大 RSRP
min_rsrp	float	问题时段内最小 RSRP
p_date	string	数据入库日期分区
p_hour	int	数据入库小时分区

4. 算法说明

（1）筛选出入库时间为当天且测试业务正常的抖音业务，存放入临时表；筛选当天的采样点数据存入临时表；筛选微信当日的业务数据存入临时表。

（2）抖音卡顿业务筛选并获取卡顿时段的采样点信息，判断是否为弱覆盖；微信发送超时业务问题筛选并获取问题时段的采样点信息，判断是否为弱覆盖。

（3）将符合筛选问题要求的指标信息存入结果表对应的分区中。

5. 算法实现

```
--************************************************************************--
--这里可以补充算法的说明
```

```
--*********************************************************************--

drop table if exists edu_tmpdata.temp_tiktok_${student_id};
create table edu_tmpdata.temp_tiktok_${student_id} as
select
*
from edu_odsdata.dataserver_event_tiktoks
where dt_day=${dt_day}
  and dt_hour=${dt_hour}
;


drop table if exists edu_tmpdata.temp_wechat_${student_id};
create table edu_tmpdata.temp_wechat_${student_id} as
select
*
from edu_odsdata.dataserver_event_wechats
where dt_day=${dt_day}
  and dt_hour=${dt_hour}
;
drop table if exists edu_tmpdata.temp_lte_servingcell_${student_id};
create table edu_tmpdata.temp_lte_servingcell_${student_id} as
select
*
from edu_odsdata.lte_cover_servingcell
where dt_day=${dt_day}
  and dt_hour=${dt_hour}
;
insertoverwrite table edu_resdata.result_wechat_tiktok__
  ${student_name}__${student_id} partition(dt_day=${dt_day},
  dt_hour=${dt_hour})
select
    *
from
    (
    select
        a.dataid,
        a.taskid,
        '抖音卡顿' as problem_type,
        a.playstarttimestamp as starttime,
        a.endtimestamp,
        b.'timestamp',
        b.longitude as lon,
        b.latitude as lat,
        a.interruptnum,
        cast(b.servingrsrp as decimal(10,2)) as servingrsrp,
        avg(servingrsrp) over (partition by a.dataid,a.taskid) as avg_rsrp,
        max(servingrsrp) over (partition by a.dataid,a.taskid) as max_rsrp,
        min(servingrsrp) over (partition by a.dataid,a.taskid) as min_rsrp
    from edu_tmpdata.temp_tiktok_${student_id} a
```

```
    left join edu_tmpdata.temp_lte_servingcell_${student_id} b on
      a.dataid=b.dataid
    where a.interruptnum>0 and a.playstarttimestamp<=b.'timestamp' and
      b.'timestamp'<=a.endtimestamp
    union all
    select
        a.dataid,
        a.taskid,
        '微信超时' as problem_type,
        a.starttimestamp as starttime,
        a.endtimestamp,
        b.'timestamp',
        b.longitude as lon,
        b.latitude as lat,
        unix_timestamp(a.endtimestamp) - unix_timestamp(a.starttimestamp)
          as interruptnum,
        cast(b.servingrsrp as decimal(10,2)) as servingrsrp,
        avg(servingrsrp) over (partition by a.dataid,a.taskid) as avg_rsrp,
        max(servingrsrp) over (partition by a.dataid,a.taskid) as max_rsrp,
        min(servingrsrp) over (partition by a.dataid,a.taskid) as min_rsrp
    from edu_tmpdata.temp_wechat_${student_id} a
    left join  edu_tmpdata.temp_lte_servingcell_${student_id} b on
      a.dataid=b.dataid
    where a.serviceresult='Timeout' and a.starttimestamp<=b.'timestamp'
      and b. 'timestamp'<=a.endtimestamp
    order by problem_type asc,taskid asc,'timestamp' asc
    ) X
where avg_rsrp<-105
;
```

本章总结

无线数据分析微信超时和抖音卡顿这些热门 App 的问题，可改善消息即时性、优化网络连接；卡顿问题分析有助于提高应用流畅性、用户满意度，保障稳定性和适配性，最终提升应用的竞争力，也有助于提升用户体验、改善服务稳定性、优化网络连接和精细化性能，从而确保应用在各种情境下都能够流畅运行，提高用户满意度和留存率。本章介绍业务的优化理论并结合数据对热门 App 问题进行简单的分析，通过该任务的创建过程可以熟悉和了解此类问题的优化思路和方法，从而为后续该类问题的分析优化奠定基础。

习题 7

1. 移动互联网业务感知数据的获取主要有哪些方式？
2. 业务监测数据采集方式有哪些？
3. 热门 App 算法设计逻辑？
4. 热门 App 算法用到的源数据有哪些？
5. 总结分析本章任务的几个主要步骤，并在自己理解的基础上介绍每个步骤的目的。